纳米相增强 C/C 复合材料的结构与性能

徐先锋　卢雪峰　著

西南交通大学出版社
·成都·

图书在版编目（CIP）数据

纳米相增强 C/C 复合材料的结构与性能 / 徐先锋，卢雪峰著. —成都：西南交通大学出版社，2018.11
ISBN 978-7-5643-6571-4

Ⅰ. ①纳… Ⅱ. ①徐… ②卢… Ⅲ. ①碳/碳复合材料
– 纳料材料 – 研究 Ⅳ. ①TB333.2

中国版本图书馆 CIP 数据核字（2018）第 254609 号

纳米相增强 C/C 复合材料的结构与性能

徐先锋　卢雪峰　著

责任编辑	牛　君
助理编辑	赵永铭
封面设计	何东琳设计工作室

出版发行	西南交通大学出版社
	（四川省成都市二环路北一段 111 号
	西南交通大学创新大厦 21 楼）
邮政编码	610031
发行部电话	028-87600564　028-87600533
官网	http://www.xnjdcbs.com
印刷	成都蜀通印务有限责任公司

成品尺寸	185 mm × 260 mm
印张	12
字数	281 千
版次	2018 年 11 月第 1 版
印次	2018 年 11 月第 1 次
定价	58.00 元
书号	ISBN 978-7-5643-6571-4

前　言

随着 C/C 复合材料应用领域的拓展，更加苛刻的使用环境对其性能提出了更高的要求。为了提高 C/C 复合材料的综合性能或某些特殊性能，对其增强相炭纤维进行改性是必要且可行的。

本书系国家重点基础研究发展计划资助项目（2006CB600904）和国家自然科学基金资助项目（51165006）研究成果。结合作者近年的研究工作，本书的主要内容如下：

（1）研究炭纤维表面催化化学气相沉积（Catalytic Chemical Vapor Deposition, CCVD）原位生长炭纳米管/炭纳米纤维（CNT/CNF）或碳化硅纳米纤维（SiCNF）改性的方法及其影响因素。

在炭纤维表面电镀镍催化剂颗粒后，采用 CCVD 原位生长 CNT/CNF 或 SiCNF 的方法，研究 CNT/CNF 或 SiCNF 形态、分布和数量的影响因素，以期达到控制纳米纤维（NF）生长状态的目的，并探讨电镀镍催化剂原位生长纳米相的机制。

（2）研究炭纤维纳米改性对 C/C 复合材料结构和性能的影响。

在炭纤维无纬布上电镀镍后，CCVD 原位生长 CNT/CNF 或 SiCNF，制成纳米纤维和炭纤维复合预制体后，化学气相渗透（Chemical Vapor Infiltration, CVI）热解炭 PyC 增密得到密度相近的纳米纤维增强增韧的 C/C 复合材料，研究纳米纤维在 C/C 复合材料中对 PyC 基体的结构、石墨化度、炭纤维与 PyC 基体的界面结合状态和复合材料力学、导热、抗氧化、摩擦磨损等性能的影响。

本书既可以作为 C/C 复合材料相关行业人员的参考书籍，也可以作为复合材料专业本科生及硕士研究生的教材。

有不妥之处，欢迎各位同行、读者批评指正。

作　者

2018 年 8 月

目　录

1 综 述

1.1 C/C 复合材料

1.1.1 概 述

炭基复合材料是以炭纤维（织物）或碳化硅等陶瓷纤维（织物）为增强体，以炭为基体的复合材料的总称。其中应用最广泛的一类是炭纤维/炭基复合材料（C/C 复合材料）。

C/C 复合材料是以炭（或石墨）纤维为增强相，炭（或石墨）为基体，通过加工和炭化处理制成的全炭质复合材料。其中，增强相的炭（或石墨）纤维可以是短纤维或连续的长纤维，也可以是炭（或石墨）纤维编织物；基体炭一般为热解炭（Pyrogenation Carbon，PyC）、树脂炭或沥青炭。

作为炭基复合材料家族中的一员，C/C 复合材料在高温热处理之后，碳元素含量高于 99%，具有类似石墨的耐酸、碱和盐的化学稳定性；具有密度低（理论密度为 2.2 g·cm^{-3}）、高比强度和比模量、断裂韧性好；具有与生物体良好的相容性；具有高的热传导性、低的热膨胀系数；具有耐高温、抗腐蚀、抗热冲击性能和高温稳定性，在 2 000 ℃ 时强度不仅不会降低，反而会略有增加；具有抗烧蚀性能良好、烧蚀均匀，可以短时间承受 3 300 ℃ 的高温；具有耐摩擦磨损性能优异，摩擦系数小、性能稳定等优点。因而被广泛应用于航空航天和军事工业、交通、能源、信息和生物等领域。

例如，轻质高强的 C/C 复合材料在苛刻的环境下具有可靠的性能，能耐受超过 3 300 ℃ 的温度，可将其用作固体火箭发动机喉衬、喷嘴和鼻锥等热结构材料；由于具有良好的摩擦磨损性能而用作飞机、汽车和高速火车的刹车材料；由于具有在高温下还能保持其强度的能力，而且具有可设计的高热导率，而将其应用于高端热保护系统中。

C/C 复合材料具备诸多优点而被广泛应用，这与炭纤维的结构和特性、基体炭的结构和特性以及炭纤维和基体炭的界面结合状态等因素密不可分，主要表现在：

（1）强度和模量。C/C 复合材料的强度和模量除取决于增强纤维本身的强度和模量外，还与增强纤维的方向、含量以及纤维与基体界面的结合程度有关，也取决于基体炭本身的结构和特性。研究表明，在平行纤维轴向方向上拉伸强度和模量高，在偏离纤维轴向方向上低。另外，光滑层（Slippery Layer, SL）基体炭的弯曲强度和层间剪切强度（Interlaminar Shearing Strenth, ILSS）明显高于粗糙层（Rough Layer, RL）和 SL + RL 两种基体炭的弯曲强度和 ILSS。

（2）断裂韧性。C/C 复合材料在断裂时具备较好的断裂韧性，但通过纤维拉断、拔出和诱导裂纹产生偏转等方式提高的断裂韧性强烈地依赖于纤维和炭基体的界面结合状态，当纤维和炭基体的界面呈弱结合状态时纤维被拔出，强结合状态时纤维被拉断，并有可能诱导裂纹产生偏转。

（3）热传导性。C/C 复合材料的热传导性，随纤维和炭基体石墨化度 R 的提高而增大，随石墨微晶层平面大小 La 的增加而增加，并与炭纤维的排布方向有关，在平行纤维轴向的方向上 C/C 复合材料的热传导性好，在垂直纤维轴向的方向上 C/C 复合材料的热传导性差。

（4）热膨胀系数。C/C 复合材料的热膨胀系数，随纤维和炭基体石墨化度的提高而增大，并与晶体的取向度有关，在平行石墨层片方向热膨胀系数比垂直石墨层片方向上热膨胀系数小。

（5）摩擦磨损性能。C/C 复合材料的摩擦磨损性能主要和石墨化度及基体炭的结构有关，以粗糙层结构为主的热解基体炭有利于 C/C 复合材料获得优良的制动摩擦磨损性能，在各种刹车速度与刹车压力条件下均可保持高而稳定的摩擦系数，且耐磨性好。

（6）密度和孔隙。C/C 复合材料的很多特性都是和密度密不可分的，譬如，弯曲强度和 ILSS 随密度增高而增大，且密度越高，强度增长越大；必须看到，孔隙也是 C/C 复合材料的重要特性之一，譬如，炭纤维的密度愈高，孔隙率愈低，热导率愈大；合适的孔隙形状、大小和数量，对保证其抗冲击性能和抗热震性是有利的。而密度和孔隙又主要是由纤维的原始表面状态、编织技术和致密化工艺决定的。

但同时必须注意到，随着科技的进步，C/C 复合材料的应用领域还在逐步扩大，其使用条件也将更加苛刻，为了获得高性能的炭纤维、优质结构的基体炭和良好的炭纤维/基体炭的结合界面，从而制备更高性能 C/C 复合材料，世界各国材料工作者正在进行以下研究工作：

① 改进炭纤维的生产制备工艺，研发更高性能的炭纤维；

② 对炭纤维进行改性处理，改善纤维自身的力学、热物理性能，更好的发挥纤维的增强增韧效果；

③ 改进炭纤维的编织技术，以此改善因纤维排布方向而带来的 C/C 复合材料力学和热物理性能的各向异性，并形成合适的孔隙结构；

④ 改进炭纤维预制体的致密化技术，以期得到合适结构的基体炭，形成合适的孔隙结构，获得高密度的 C/C 复合材料；

⑤ 改进 C/C 复合材料的高温石墨化和抗氧化涂层等后续处理工艺，提高热传导、摩擦磨损和抗氧化等特殊性能。

在这些方法中，对炭纤维进行表面改性处理，简单易行，方式灵活，是一种获得高性能 C/C 复合材料行之有效的方法。在 C/C 复合材料制备过程中，基体炭最初在炭纤维表面形核、生长，并形成结合界面，因此，炭纤维的表面状态直接影响基体炭最初在炭纤维表面沉积并形成界面的结合状态。通过表面改性的方法可以改善炭纤维的表面状态，诱导基体炭形核和生长，有可能形成良好的炭纤维/基体炭的结合界面和优质结构的基体炭。可见，通过对炭纤维进行表面改性，在改善其自身结构和性能的同时，可以改善 C/C 复合材料中纤维和基体的界面结合状态以及基体炭的结构，从而改善 C/C 复合材料的性能，可以制备出更具独特性能的 C/C 复合材料，有可能拓宽其应用领域。

1.1.2 C/C 复合材料的制备技术

C/C 复合材料的制备主要包括炭纤维的制备、预制体的制备和基体炭增密三个过程。预制体主要有短纤维毡和连续纤维编织体两种类型。短纤维毡是将随机取向的离散短纤维聚集在一起，并使用相互平行的连续纤维束穿刺而成。连续纤维编织体则是由连续的炭纤维束按一定方式编制/针织而成。常用的编织体由各种层叠纤维布、2D 针织体、三向（3D）正交编织体等多种结构。预制体的编制方式影响其孔隙大小和分布，从而影响随后的基体炭增密过程。

基体炭的增密主要有化学气相渗透法（Chemical Vapor Infiltration, CVI）和液相浸渍法（Liquid Phase Infiltration, LPI）两种。由于本书只涉及 CVI 法，在此，详细介绍 CVI 法。

CVI 工艺是一种在控制条件下向多孔预制体的内部空间进行沉积的工艺，是化学气相沉积（Chemical Vapor Deposition, CVD）的一种特殊形式，其本质是气-固表面多相化学反应。将具有特定形状的预制体置于专用的 CVI 炉中，并通入烃类气体。通过扩散、流动等方式烃类气体进入预制体内部，并在一定温度下发生热解反应，在纤维表面生成热解炭。随着沉积时间的延长，纤维表面的热解炭层越来越厚，直到相邻炭纤维表面的热解炭层相互重叠，形成为连续相，即炭基体。

CVI 致密化工艺的优点是工艺简单、增密的程度便于精确控制、所制备的 C/C 复合材料具有良好的综合性能；通过调节 CVI 工艺参数，可以获得满足各种性能要求的热解炭的结构，从而获得不同结构和性能的 C/C 复合材料。但 CVI 致密工艺制备周期长，存在密度不均匀的缺点。针对这些缺点，目前，各国研究者已经发展了多种 C/C 复合材料 CVI 致密化工艺。Bertrand 等人通过改进工艺和设备发明的脉冲热梯度 CVI 工艺制备 C/C 复合材料改善了密度随厚度变化的缺点，获得了密度均匀、各向同性的热解炭。Tang 等人在压力为 9.5 kPa 时一个 CVI 周期内获得了密度为 1.78 g/cm³ 的 C/C 复合材料。Rovillain 等人研究了快速蒸汽 CVI（膜沸腾技术）制备 C/C 复合材料，并认为化学反应和流体动力学的平衡将导致热解炭的结构差异。Wang 等人采用煤油为前驱体，固定预制体上下面，通过两个热源对上下两个面同时加热至 1 050 ℃ 后保温，制备了密度和结构均匀的大尺寸 C/C 复合材料，进一步发展了快速蒸汽 CVI 法。Farhan 等人采用高导热炭纤维插入低导热的圆柱形针刺炭毡中形成热梯度，在 67 小时沉积后制备了密度为 1.778 g/cm³ 的 C/C 复合材料。Chen 等采用压力梯度 CVI 法制备了 C/C 复合材料，通过分析分子在气相中的组成部分，并观察碳沉积的微观结构，推导出的热解碳沉积的化学过程。Zeng 等人采用微波辅助 CVI 法，获得了 0.063 g/（cm³·h）的最高沉积速率以及 1.84 g/cm³ 的 C/C 复合材料。Zhang 等人以液化石油气为碳源，采用多物理场 CVI 工艺制备了 C/C 复合材料，并以密度和石墨化为指标进行了参数优化。

除了开发新的 CVI 工艺以缩短制备时间，许多学者还研究了 C/C 复合材料制备过程中温度、压力等工艺参数对沉积速率、沉积机理和热解炭结构等的影响，以期望获得最佳 CVI 参数。Zheng 等人在不同压力下制备了 C/C 复合材料，研究了压力对渗透速率和热解炭结构的影响，发现沉积速率随着压力的增大而增加，但在最终沉积时，沉积速率随着压力的增大而减小从而导致了最终密度的降低；并且在低于 1 kPa 时，沉积的热解炭为粗糙层热解炭；在 3 ~ 10 kPa 时获得了各向同性层；而高于 10 kPa 时则获得了光滑层结构的热解炭。Wu 等人研究了温度对 C/C 复合材料沉积速率和沉积机理的影响，发现温度从 950 ℃ 升高到 1 250 ℃，沉积速率也从 5.81 g/min 增加到 21.32 g/min；致密动力学依赖于沉积温度以及化学反应和扩散之间的竞争，扩散机理从体积扩散转化为怒森（Knudsen）扩散。

此外，采用计算机仿真模拟 CVI 工艺来控制沉积速率以及热解炭的结构也是近来的研究热点。Li 等人建立了以甲烷为碳源、采用 CVI 工艺制备 C/C 复合材料的二维暂态仿真模型和计算机代码，并通过不同炭纤维含量的预制体的致密过程验证了该模型。Langhoff 等人将 CVI 工艺看成一个移动边界问题来确定热解炭层在时间和空间上的演变，从实际几何出发，发展了一维单孔隙模型，形成了以气相物种的浓度和圆柱孔内碳层的高度为偏微分方程的非线性耦合系统，实现了在预制体内孔隙被完全渗透时的沉积条件和几何模型的识别，并准确预测了低压时 CVI 反应。Guan 等人考虑气体在平行和垂直纤维束的扩散不同，建立了一个综合稳态扩散方程和非保守的水平集方法（The Non-Conservative Level Set Method）的二维模型，模拟了纤维束横截面内的孔隙演化。

1.1.3　C/C 复合材料的结构

C/C 复合材料作为炭材料家族的一员，具有炭材料所独有的结构可设计性。碳元素的外层电子结构为 $2s^2 2p^2$，两个碳原子之间可以形成 sp 杂化、sp^2 杂化、sp^3 杂化，从而存在多种形式炭，如金刚石、石墨、卡宾以及各种过渡状态的乱层结构炭。基于碳原子独特的电子排布，每一组元的状态都可由炭向石墨结构变化从而导致 C/C 复合材料的结构非常复杂。另一方面，C/C 复合材料作为一种纺织结构复合材料，具有复合材料所具有的结构可设计性。根据不同的使用要求，可以通过选择预制体的编制方式以及基体炭的制备方法来调节 C/C 复合材料的结构，从而调节其性能。

碳元素的结构复杂性和材料制备方法的多样性导致 C/C 复合材料中的炭纤维和基体炭的结构非常复杂。此外，预制体编制方式将导致 C/C 复合材料中孔隙结构变化，进一步影响基体炭的结构。目前，对 C/C 复合材料结构的研究主要集中在炭纤维的结构、热解炭的结构及孔隙结构。在其他条件相近的条件下，对 C/C 复合材料性能影响最大的是炭纤维的结构、基体炭的结构和炭纤维与基体炭的界面结构，炭纤维的结构将在 1.2 节中介绍，以下主要介绍基体炭的结构和炭纤维与基体炭的界面结构。

1. 基体炭的结构

按照增密方式不同，基体炭主要有树脂炭、沥青炭和热解炭（PyC）三种。其中 CVI 热解炭由烃类气体采用法在预制体内炭纤维表面热解沉积而得。通常热解炭为乱层石墨结构。

根据 C/C 复合材料中热解炭在偏光显微镜下的形貌，将热解炭分为三种基体类型，即粗糙层（Rough Laminar，RL）、光滑层（Smooth Laminar，SL）和各向同性（Isotropic，ISO）结构。不同结构的热解炭由于密度、表观微晶尺寸及择优取向的不同而具有不同的性能，如表 1-1 所示。

表 1-1　三种基体结构热解炭的物理性能

结构类型	颜色	硬度	石墨化	密度/（g/cm³）	结构参数/nm	
					d_{002}	L_c
光滑层	暗淡、灰色	较软	较易	1.95±0.05	0.340～0.344 平均 0.341	9.5～16.5 平均 12.5
粗糙层	光泽、银色	软	最易	2.12±0.01	平均：0.0337	平均：38.5
各向同性层	暗，黑	最硬	不易	1.66±0.02	0.341～0.344 平均：0.343	7～11 平均：9

2. C/C 复合材料的界面结构

在 C/C 复合材料中存在不同层次的界面：纤维与基体炭的界面、基体中不同微结构之间的界面、纤维束与基体炭间的束界面等。其中，纤维与基体的界面是一种非常重要的界面，其结合强度的高低直接影响到纤维与基体炭之间的应力传递，进而影响整个复合材料的综合性能。

C/C 复合材料中，不同纤维/基体的界面和基体之间的界面取决于基体炭的类型。这些界面又可分为：① 炭纤维与沉积炭之间的界面；② 沉积炭与树脂炭或沥青炭之间的界面；③炭纤维与沥青炭或树脂炭之间的界面；④ 沥青炭与树脂炭之间的界面。受工艺过程和热处理温度的影响，基体中石墨层片相对于纤维轴向的排列存在四种可能的取向，如图 1-1 所示。从图 1-1（a）到（d）分别是基体炭层面平行于纤维轴向、基体炭层面垂直于纤维轴向、基体炭层以纤维为中心形成同心圆结构和基体炭为各向同性结构。沥青炭与炭纤维之间的界面结合主要为图 1-1（b）和（c）的层片状结构，热解炭与炭纤维之间的界面则以图 1-1（c）和（d）所示的结构为主，而树脂炭的取向则是四者兼而有之。

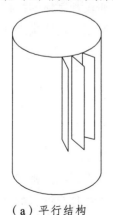 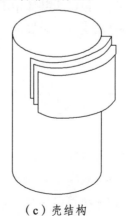 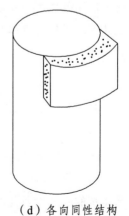

（a）平行结构　　　（b）垂直结构　　　（c）壳结构　　　（d）各向同性结构

图 1-1　基体炭与炭纤维的界面结合形式

对同一种基体炭，由于炭的结构多样性以及炭纤维的排列取向、体积分数、预制体结构、制备工艺等的影响，C/C 复合材料中的纤维与基体炭的纤维界面，也会不同。图 1-2 所示为炭纤维与热解炭之间的界面，由于制备工艺的影响，炭纤维与热解炭之间的界面仍存在多种形式，如渐变型[见图 1-2（a）]、突变型[见图 1-2（b）]和无序型[见图 1-2（c）]等。这种炭纤维与热解炭之间的界面差异，导致 C/C 复合材料的性能各异，因而对其研究具有极大的复杂性。

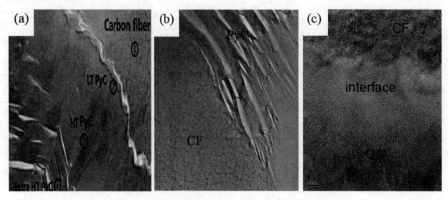

图 1-2　热解炭与炭纤维的界面 TEM 形貌
（a）渐变型界面；（b）突变型界面；（c）无序型界面

种类多且结构复杂的界面直接影响着 C/C 复合材料的性能。首先，炭纤维在 C/C 复合材料中起主要作用，提供复合材料的刚度和强度；炭基体起配合作用，支持和固定纤维材料，传递纤维间的载荷、保护纤维等。而界面则起着在炭纤维与基体炭之间传递载荷的作用。过强的界面结合力会使材料发生灾难性的脆性破坏；过弱的界面结合力会影响载荷的有效传递。其次，C/C 复合材料在 400 ℃ 以上开始氧化，而且 C/C 复合材料的氧化是从炭纤维与基体炭之间的界面开始的，界面的化学活性直接影响 C/C 复合材料在高温下的使用性能。再次，C/C 复合材料的导热等性能都受到炭纤维与基体炭的界面的影响。因此，改善炭纤维与基体炭之间的界面有利于 C/C 复合材料性能的提高。针对不同的界面，可以采用不同的方法。例如，通过快速沉积等一步制备法可以减少基体中不同微结构之间的基体界面；通过预制体的结构设计可以优化纤维束与基体炭之间的束界面；通过界面改性则可以改善炭纤维与基体炭之间的界面。

1.1.4　C/C 复合材料的性能

C/C 复合材料具有优异的物理性能、力学性能和摩擦性能等，具体表现为：

（1）质量轻，其密度在 1.65 ~ 2.0 g/cm³，仅为钢的四分之一。通过控制炭纤维的密度、基体炭的密度以及孔隙度的大小可以控制 C/C 复合材料的密度，从而影响 C/C 复合材料的其他性能。

（2）力学性能极好。C/C 复合材料的力学性能与炭纤维的类型、方向、含量、基体炭的结构以及炭纤维与基体炭之间的界面结合强度有关。一般的 C/C 复合材料的拉伸强度为 270 MPa，弹性模量大于 69 GPa。此外，随着温度的升高，C/C 复合材料的力学性能不仅不降反升（2 200 ℃ 以前），是目前唯一能在 2 200 ℃ 以上保持高温强度的工程结构材料。

（3）耐烧蚀性能良好。C/C 复合材料可承受 3 000 ℃ 的高温，且烧蚀均匀，可用于短时间的烧蚀环境，已成功用于火箭发动机喷管、喉衬、燃烧室。采用 C/C 复合材料制作的喉衬、扩张段、延伸出口锥，具有极低的烧蚀率和良好的烧蚀轮廓，提高喷管效率 1% ~ 3%，大大提高了近程导弹（Short Range Missile，SRM）的比冲。在再入环境时，飞行器头部受到强激波，对头部产生很大的压力，其最苛刻部位温度可达 2 760 ℃，使用 C/C 复合材料作头锥能使实际流入飞行器的能量仅为整个热量 1% ~ 10%。

三维编织 C/C 复合材料在石墨化后的热导性能可以满足弹头再入时的热冲击要求，并能防止弹头鼻锥因热应力过大而引起整体破坏；同时，其较轻的质量可提高导弹弹头射程，已在很多战略导弹弹头上得到应用。

（4）优异的摩擦磨损性能。C/C 复合材料的摩擦特性好，摩擦系数稳定，并可在 0.2 ~ 0.45 范围内调整；承载水平高，过载能力强，高温下不会熔化，也不会发生粘接现象；使用寿命长，在同等条件下的磨损量约为粉末冶金刹车材料的 1/3 ~ 1/7。目前，一半以上的 C/C 复合材料用做飞机刹车装置。法国欧洲动力、碳工业等公司已经批量生产 C/C 复合材料刹车片，英国邓禄普公司也已大量生产 C/C 复合材料刹车片，用于赛车、火车和战斗机的刹车材料。此外，C/C 复合材料还可用作减摩材料，例如密封材料、电刷材料等。

（5）热容量大、抗热震性能好。C/C 复合材料具有良好的导热性能，其导热率随石墨化度的提高而增大，因而已广泛用作导热、隔热材料。采用 C/C 复合材料制造的真空发热体，其使用寿命可高于石墨发热体的 10 倍以上；采用 C/C 复合材料制造的电路基板、电脑散热器等，使电子器件运行过程中产生的热量及时散发，有效地防止了因过热而导致电子元器件失效。C/C 复合材料还常用作保温毡、隔热瓦等隔热材料。

目前，我国对 C/C 复合材料的研究和开发主要集中在航天、航空等高技术领域，较少涉足民用高性能、低成本 C/C 复合材料的研究。目前整体研究还停留在追求材料的宏观性能，对材料组织结构和性能可控性、可调性等基础研究还相当薄弱，难以满足国民经济发展对高性能 C/C 复合材料的需求。

1.2 炭纤维

1.2.1 炭纤维概述

用作 C/C 复合材料增强相的炭纤维是一种含碳量占 90wt% 以上的纤维状炭材料，是一种

理想的结构材料和功能材料。炭纤维呈黑色,坚硬,具有强度高、重量轻等特点,是一种力学性能优异的新材料,其主要性能如下:

1. 力学性能

炭纤维的强度高,模量大,由于密度小所以具有较高的比强度和很高的比模量。但是它的脆性较大,抗冲击性差。它的破坏方式属脆性破坏,在拉断前没有明显的塑性变形。但随着制备工艺的提高其缺陷减少,各项性能指标有了相应的提高。

2. 物理性能

(1)热物理性能。炭纤维的耐高低温性能好,在隔绝空气的条件下,温度高于 1 500 ℃ 时,强度才开始下降;即使在液氮温度下也不会脆化。炭纤维不仅热导率高,而且密度小,因此比热导率更高;炭纤维的热膨胀系数小于金属材料。

(2)表面活性。炭纤维的表面活性低,导致与基体炭形成弱的界面结合层,黏结力较差,所以 C/C 复合材料的 ILSS 较低。另外,石墨化程度越高,炭纤维的表面活性越差,用于制备 C/C 复合材料的石墨纤维,一般需经表面处理来提高其表面活性。

3. 化学性能

(1)氧化性。炭纤维在空气中,200 ~ 290 ℃ 就开始发生氧化反应,当温度高于 400 ℃ 时,出现明显的氧化,氧化物以 CO,CO_2 的形式从表面散失,所以它在氧化性气氛中的耐热性差。炭纤维的抗氧化性能和石墨化度有关,石墨化度越高,抗氧化性能越好。

(2)耐腐蚀性。一般的酸碱对它的作用很小。其耐水性也好,不易发生水解反应。

4. 其他性能

摩擦系数小,具有自润滑性;通过π电子的定向流动而呈现出导电性;受石墨结构影响呈现出显著各向异性的抗磁性,等等。

1.2.2　炭纤维的发展与应用

100 多年前,爱迪生从天然竹子和纤维素纤维制成了炭纤维,并将其用作电灯丝。而真正有使用价值并工业化生产炭纤维则是始于 20 世纪 50 年代。第二次世界大战后,随着冷战和新一代军备竞赛开始,航空和军事工业等尖端技术得到迅猛发展,人们寻求具有高比强度、高比模量和耐烧蚀等特性的新材料,为此,发达国家开始对炭纤维进行研究。1959 年,美国联合碳化公司以黏胶纤维为原丝制成黏胶基炭纤维(Rayon-based CF);1962 年,日本炭素公司实现低模量聚丙烯腈基炭纤维(PAN-based CF)的工业化生产;1963 年,英国航空材料研究所开发出高模量的 PAN-based CF;1965 年,日本群马大学试制成功以沥青为原料的沥青基炭纤维(Pitch-based CF);1970 年,日本吴羽化学公司实现 Pitch-based CF 的工业化生产;

1991 年，世界各国生产的 PAN-based CF 的年产量超过 12 000 吨，Pitch-based CF 的年产量超过 500 吨；2008 年，世界各国生产的炭纤维的年产量超过了 5 万吨；2014 年，全球 PAN-based CF 产能约为 12.8 万吨，其中小丝束炭纤维约为 9.2 万吨，占 72%；大丝束炭纤维约 3.6 万吨，占 28%；到 2020 年，全球小丝束炭纤维产能将达到 11.5 万吨，大丝束产能达到 5.4 万吨，合计达到 16.9 万吨。

目前，全球炭纤维制造的主导者是日本和其设立在欧美的工厂，其次是依靠欧美航空航天市场健康发展的美国 HEXCEL 和 CYTEC 公司，以及依靠强大工业创新体系的德国 SGL 公司。随着中国在炭纤维领域投入的不断增大，中国炭纤维产量占世界份额也不断提高。

炭纤维起初是为宇航工业和军用飞机的需要发展起来的，如今已经广泛应用于航空航天、交通运输、文体、以及工业等领域，具有广阔的应用前景，主要表现在：

（1）航空航天方面，炭纤维及其增强复合材料常用于飞机、火箭和宇宙飞船的零部件，如飞机的减速板和刹车装置、机翼、机尾，阿波罗宇宙飞船的光学仪器热防护罩、内燃机活塞、喷嘴等。

（2）交通运输方面，汽车上 20% ~ 60% 的零部件可以用炭纤维增强复合材料制造，如轿车和载重汽车的片状弹簧、驱动轴等，使用这些炭纤维增强复合材料的部件，汽车减重明显，更适合高速行驶并节省能源。

（3）文体方面，炭纤维增强复合材料制成的运动器材有：钓鱼竿、高尔夫球杆、网球拍、羽毛球拍、滑雪橇、帆船、赛车等。

（4）工业方面，炭纤维增强复合材料可以用作高速织布机的棕框、梭子，深海潜艇的壳体、螺旋桨，造船时用的吊桥缆绳等。

1.2.3 炭纤维的种类

根据生产炭纤维的原料，可将其分为三大类：Rayon-based CF、PAN-based CF 和 Pitch-based CF，以上三大类纤维均是由有机母体纤维（例如粘胶丝、聚丙烯腈或沥青）采用高温分解法在 1 000 ~ 3 000 ℃ 高温的惰性气体下制成的。其中，Rayon-based CF 具有密度小、耐烧蚀、热稳定性好、热导率大、断裂延伸率大、孔隙结构发达等特点；Pitch-based CF 中，各向同性沥青制备的炭纤维性能较差，各向异性的中间相沥青制备的炭纤维易石墨化，易于得到高模量纤维，但各向异性沥青平均分子量高，芳构度高，不利于纺丝，氧化过程中需要进行稳定化处理，炭化工艺条件苛刻，因此，掌握这一技术的公司不多，其产量占炭纤维总产量的 5% 左右；PAN-based CF 采用工业丙烯为原料，原料充足，且纺丝工艺较灵活，聚丙烯腈热稳定性高，所制备的炭纤维综合性能好（见表 1-2，PAN-based CF 与 Pitch-based CF 性能比较），其产量占炭纤维总产量的 95% 左右，是应用最广泛的一类炭纤维。

表 1-2　PAN-based CF 与 Pitch-based CF 性能比较

项　目	PAN-based CF	Pitch-based CF
单丝直径/μm	5 ~ 8	7 ~ 11
单丝根数/K	1 ~ 24	0.4 ~ 12
纤度/（g/1000 m）	61 ~ 1 650	30 ~ 2 400
密度/（g·cm^{-3}）	1.73 ~ 1.95	1.65 ~ 2.20
热导率/[W/（m·K）]	7 ~ 155	6 ~ 800
比电阻/（10^{-3}Ω·cm）	1.7 ~ 0.7	0.2 ~ 2.8
拉伸强度/MPa	2 700 ~ 7 400	1 200 ~ 3 800
拉伸模量/GPa	155 ~ 610	55 ~ 935
断裂伸长/%	0.6 ~ 2.2	0.3 ~ 2.0

此外，炭纤维按状态分为长纤维、短纤维和短切纤维；按制造条件和方法分为炭纤维（炭化温度在 800 ~ 1 600 ℃ 时得到的纤维）、石墨纤维（炭化温度在 2 000 ~ 3 000 ℃ 时得到的纤维）、活性炭纤维和气相生长炭纤维；按力学性能分为高性能炭纤维和低性能炭纤维，其中高性能炭纤维又分为高强度炭纤维、高模量炭纤维和中模量炭纤维，低性能纤维有耐火纤维、碳质纤维和石墨纤维等，它们的性能比较见表 1-3。

表 1-3　不同种类炭纤维性能比较

种　类	拉伸强度/MPa	拉伸模量/GPa	单丝直径/μm	密度/（g·cm^{-3}）
高强度炭纤维	2 940	196	6	1.74
高模量炭纤维	2 740	225	7	1.75
中模量炭纤维	1 960	372	5	1.78
耐火纤维	260	392	11	1.50
碳质纤维	1 180	470	9	1.70
石墨纤维	980	98	8	1.80

1.2.4　炭纤维的结构

炭纤维是过渡态碳的一种，其结构决定于原丝结构和炭化工艺，基本属于二维乱层石墨结构，随着热处理温度的提高，逐步由二维向三维石墨结构转化，得到梯形六角环状的平面结构，即石墨层面。石墨层面基本结构单元是石墨微晶，石墨微晶由数张至数十张石墨层片组成，这些石墨层片上的碳原子不是按照石墨晶体的理想点阵形式排列的，而是以乱层石墨结构形式存在，其层间碳原子没有规整的固定位置，缺乏三维有序性。

材料工作者借助于现代分析检测方法，在实验数据的基础上提出了多种炭纤维的结构模型，以揭示炭纤维结构与性能的关系，用以指导通过纤维改性处理达到改善其结构，提高其性能的目的。

Perret 和 Ruland 用 XRD （X-ray Diffraction，XRD）和 TEM（Transmission Electron Microscopy，TEM）等仪器研究了 PAN 基炭纤维，提出了条带模型；Diefendorf 和 Tokarsky 提出了微原纤结构模型；Bennett 和 Johnson 用高分辨透射电子显微镜对炭纤维进行了微观形貌的观察，提出了如图 1-3 所示的皮芯结构模型。认为石墨微晶的层平面在皮层沿纤维轴向排列有序，芯部呈现出紊乱的褶皱状态，并在石墨层片之间存在错综复杂的孔洞系统。这种模型和实验观察到的炭纤维结构吻合的很好，具有较大的代表性。

 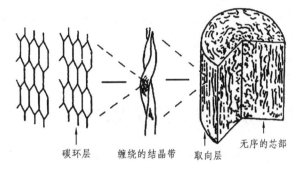

碳环层　　缠绕的结晶带　　取向层　　无序的芯部

图 1-3　炭纤维的皮芯结构模型

炭纤维由外皮层和芯层两部分组成，外皮层和芯层之间是连续的过渡层。沿直径测量，皮层约占 14%，芯层约占 39%，皮层的微晶尺寸较大，排列整齐有序。由皮层到芯层，微晶尺寸减小，排列逐渐变得紊乱，结构的不均匀性越来越显著。对于 Pitch 基炭纤维，在不同的纺织条件下产生的液相晶体前驱体的微观结构不同，因而具有不同的纤维横截面，如图 1-4 所示。任意种类的炭纤维皮层都有比芯部大的炭网面平行取向。在本书中，选用具有皮芯结构的 PAN 基炭纤维。

平滑型　　　　　　径向折叠型　　　　　直线原点型

辐射型　　　　葱皮纸型　　　　不规则型　　　　类洋葱型

图 1-4　沥青基炭纤维的截面形貌

1.2.5 炭纤维石墨微晶的结晶与取向

用 X 射线衍射分析炭纤维的结构，显示六角的碳环层（石墨层面）沿着纤维轴择优取向，结晶尺寸约为几个纳米（nm）。随着热处理温度（碳化温度和石墨化温度）的提高，结晶尺寸也随着增加，且沿纤维轴排列更加有秩序，层片间距比石墨晶体大，为 0.34 ~ 0.36 nm，堆叠的平均厚度和宽度小，即结晶的完整性差。根据 Johnson 研究炭纤维的结构参数指出，表层皮的取向度高 L_c 仅为 0.33 nm。

透射电镜观察炭纤维切片显示，纵剖面沿着纤维轴择优取向，也有少许的错位层形成相互交错的微纤，这些微纤以结晶形式聚集在一起；而横剖面显示，碳环结晶层面彼此平行，但这些结晶层在剖面上的排列则是杂乱无序的。随着热处理温度的增加，结晶尺寸增加，但在纤维芯部存在低密度的无序区。

1.3 炭纤维表面改性方法

作为 C/C 复合材料增强相的炭纤维，本身属于脆性材料，所制备的 C/C 复合材料的性能一方面决定于基体中炭纤维的体积分数以及复合工艺，另一方面决定于炭纤维与基体材料自身的性能以及炭纤维与基体材料的界面结合状况。

炭纤维与基体炭之间存在一系列界面问题：如界面润湿性差，化学、物理相容性差等，它极大地影响着 C/C 复合材料的力学性能。未经表面处理的炭纤维，由于其表面化学惰性，与基体炭的黏结力很小，使其与基体的结合强度（特别是 ILSS 和弯曲强度）较低，进而对材料的力学性能产生不良影响。为了提高炭纤维的表面化学活性，增强炭纤维表面与基体的结合能力，进而提高复合材料的性能，对炭纤维进行表面处理是很有必要的。

对炭纤维进行表面处理的目的主要表现在以下几个方面：

（1）修复炭纤维的表面缺陷，改善纤维表面孔隙结构，提高炭纤维的拉伸强度和弹性模量，提高炭纤维的自身力学和热物理性能。

（2）清除表面杂质，在炭纤维表面形成微孔或刻蚀沟槽，增加表面粗糙度和比表面积，增强弱的边界层，从而提高炭纤维与基体炭接触表面积来提高界面结合力，充分发挥炭纤维的高强度和高模量的特性，从而提高 C/C 复合材料的强度和韧性，并改善其他性能。

（3）提高炭纤维表面石墨微晶的取向度和石墨化度，改变石墨微晶的大小，降低纤维表面的缺陷和无序碳原子数量，诱导基体炭的形核和生长，改善炭纤维与基体炭界面结合状态，形成优质的基体炭结构。

（4）在炭纤维表面引入纳米相的纤维、晶须或颗粒，增加纤维的比表面积或活性，改变基体炭的形核和生长机理，加快预制体的致密化速度，提高生产效率，降低生产成本。

（5）通过炭纤维表面原位生长纳米纤维或晶须，提高炭纤维与基体炭的界面结合力，改善基体炭的结构，提高 C/C 复合材料的石墨化度，通过高强度、各向生长的纳米纤维或晶须的"桥联"作用，发挥炭纤维的力学性能，提高 C/C 复合材料的强度、韧性、导电和导热等性能，还可改善其各向异性的特性。

因此，用作 C/C 复合材料的炭纤维在复合前进行表面处理以改善其表面性能是非常必要的。炭纤维的表面处理方法主要有：表面氧化处理、表面涂层处理、热处理、微粒子辐射处理、接枝聚合表面处理和表面生长晶须/纤维等处理方法。

1.3.1　炭纤维氧化处理

炭纤维的表面氧化处理方法主要有气相氧化、电化学氧化和液相氧化或几种氧化介质复合处理等氧化处理方法。

1. 气相氧化处理

碳质材料在氧气存在的情况下，温度高于 673 K 就会发生氧化反应。炭纤维的气相氧化处理正是利用碳在一定温度下和氧化性气体发生反应，从而改变其某些特性的处理方法。

炭纤维的气相氧化处理所用气体有氧气、空气、臭氧和 CO_2 等，气相氧化处理方法的特点是氧化速度快、效率高，设备和工艺简单，氧化过程易于控制，可以在炭纤维生产线上同时进行，是应用较多的一种处理方法。

L. M. Manocha 研究结果表明，炭纤维和上述氧化性气体的反应均是气固相反应过程，反应速度受扩散控制，包括氧化性气体向纤维内部扩散和反应生成气体向纤维表面扩散。因此，不同的结构特性的炭纤维其氧化处理反应特性也不一样。张红波等以 X 射线衍射和扫描电子显微分析了空气条件下不同温度、不同氧化时间的 PAN 基炭纤维的氧化特性，结果表明，PAN 基炭纤维的氧化特性与原始纤维的表面形貌和微晶参数密切相关，纤维表面的沟槽、坑洞越多，石墨微晶参数 d_{002} 值越大，其氧化失重率越大。

随着氧化反应的进行，炭纤维表面以至内部的碳原子不断参与反应，生成 CO 或 CO_2，纤维质量不断减少，表面的沟槽和坑洞加深。这对炭纤维的强度等力学性能会有一定的负面影响。L. M. Manocha 等通过对 PAN 炭纤维低温氧化处理发现，随着氧化时间的延长，炭纤维的拉伸强度降低。但通过一定的处理工艺也有其抗拉强度升高的报道：邓红兵等研究了涂层后再经空气氧化处理的炭纤维，其强度和延伸率都有较大提高（分别提高 16%和 18%）。信春玲等用空气氧化刻蚀（附浸渍预处理）的方法对通用级 PAN 基炭纤维进行处理。结果表明：在优化工艺条件下，炭纤维的抗拉强度可由 3.73 GPa 提高到 4.52 GPa。

碳和氧化性气体发生反应生成 CO 或 CO_2，使炭纤维表面的沟槽和孔洞加深，使纤维比表面积增加，表面粗糙度增加，在形成复合材料时，纤维和基体间的锚锭力（啮合力）增加，对复合材料的特性有一定的正面影响。但根据两相界面复合理论，炭纤维复合材料的界面作用力中起主导作用的是化学键力。可见，在生成 CO 或 CO_2 同时，还有其他的化学反应发生。O. P. Bahl 等通过对 PAN-based CF 低温氧化处理发现，随着氧化时间的延长，炭纤维表面氧含量增加，碳和氢含量降低。Haiqin Rong 通过对黏胶基活性炭纤维在空气中氧化处理研究，发现氧化温度从 350 ℃ 增加到 450 ℃，纤维的含氧官能团比未处理纤维有所增加。冀克俭、李向山等利用 O_3，赵立新等利用空气，杨永岗等采用瞬时高温空气氧化法和气液双效等方法，得出了相同或相似的结论。正是这些气相氧化反应生成的极性或反应性官能团，在材料复合时和基体材料发生反应，形成较强的化学键结合力，使复合材料的力学性能特别是 ILSS 和弯曲强度提高。

2. 电化学氧化处理

炭纤维的电化学氧化处理因其氧化过程缓和、易控而被一些炭纤维制造公司在线配套使用。该法在连续或脉冲直流电的作用下，利用炭纤维的导电性，以其作为阳极，和不同的电解质电离出的阴离子发生反应，使炭纤维表面发生氧化刻蚀。

因为电流的表面效应，在炭纤维的电化学氧化过程中，表面的微突起部分将首先被氧化刻蚀掉，使纤维的表面趋于光滑。另外，在纤维表面微晶的边界处碳原子活性大，也将优先参与反应，使表面微晶尺寸下降，微晶细化，使应力集中区减少，强度提高。随着氧化的继续进行，纤维表面的活性反应点越来越多，刻蚀速度加快，光滑的纤维表面又出现沟槽和坑洞，使其强度下降。

和气相氧化处理类似，电化学氧化处理在炭纤维表面也产生了大量的极性或反应性官能团，Hailin Cao 等通过电化学处理 3-D 炭纤维织物发现，处理有助于提高界面黏附特性，且增加了含氧含氮的官能团。朱泉等、余木火等以黏胶基炭纤维，刘杰等等以聚丙烯腈（PAN）基炭纤维，杨小平等通过自制实验装置，以 NH_4NO_3 作为电解液，对短切通用级沥青基炭纤维，进行阳极氧化表面处理，结果都表明处理后的炭纤维表面极性官能团有所增加。王成忠等认为阳极氧化处理炭纤维时，表面活泼碳首先被氧化成羟基，之后逐步被氧化成酮基、羧基或 CO_2。这些极性或反应性官能团使炭纤维与基体树脂之间的粘接性得到明显提高，复合材料力学性能得到提高。刘丽等采用对炭纤维表面阳极氧化处理后接枝丙烯酸的改性方案，研究与非极性基体相匹配的界面特性。结果表明，阳极氧化处理增加了纤维表面的极性官能团，提高了与丙烯酸的接枝反应能力，有利于改善复合材料的界面结合，使炭纤维复合材料的力学性能大幅度提高。

Z. R. Yue 研究发现，电化学氧化的炭纤维比氧等离子和硝酸氧化的炭纤维具有更大的 Ag^+ 吸附量。黄强等研究表明，炭纤维的电化学氧化表面处理效果主要和电解质种类和浓度、处理温度、电流密度、处理时间等参数有关。

3. 液相氧化处理

液相氧化处理是利用具有氧化性的液体如硝酸、高锰酸钾、次氯酸钠、过氧化氢等或它们的混合溶液，对炭纤维进行浸泡处理，去掉纤维表面弱的边界层，引入极性官能团的处理方法。液相氧化处理比气相氧化处理要温和，氧化产生的刻蚀对炭纤维的强度等力学性能有积极影响。

赵东宇等将炭纤维用 15%KClO$_3$ + 40%H$_2$SO$_4$ 混合溶液进行氧化处理，结果表明，炭纤维经氧化后，增加了含氧基团，同时也增加了对其它极性物质的吸附能力，纤维表面被刻蚀，在结晶缺陷部位产生凹坑，从而增加了比表面积，提高了吸附活性。关新春等研究了经过 NaClO 氧化处理后，炭纤维表面性能以及炭纤维与水泥石界面粘结性能的变化。研究结果表明：炭纤维的液相氧化处理可以提高其表面对水的浸润性，改善炭纤维与水泥石的黏结界面，提高炭纤维水泥石的压敏特性。闫联生等采用次氯酸氧化和 KH550 偶联剂对炭纤维表面进行处理，初步研究了其对提高炭纤维增强复合材料力学性能和烧蚀性能的影响，并对氧化处理后炭纤维的表面性能进行了表征，结论是该方法是提高复合材料 ILSS 和抗烧蚀性能的有效方法，它可使 ILSS 提高 17.5%，线烧蚀率减小 58.6%。卫建军等用浓硝酸对炭纤维进行了表面氧化处理。结果表明：对炭纤维进行表面处理可以提高其与基体炭的结合强度，炭纤维与基体炭的结合强度以及短纤维增强 C/C 复合材料的抗弯强度均随着炭纤维氧化处理时间的增加和处理温度的升高而增大。

炭纤维的液相氧化处理主要和液相成分、处理温度、处理时间等参数有关。翟更太等采用硝酸表面氧化法，对 PAN-based CF 进行表面氧化处理，提出适宜的表面氧化处理条件是低温（室温）、浓酸（50% ~ 65%）、短时间（15 ~ 60 min）。

1.3.2　炭纤维涂层处理

炭纤维的涂层处理就是采用化学或物理的方法，在炭纤维表面涂覆一层和炭纤维不同的异相物质，这层异相物质可以是非金属，如碳、碳化硅或碳化钛等，可以是高分子的聚合物如 BTDA-ODA-PDA 共聚物或烯类单体与马来酸酐的聚合物，还可以是金属如铜、镍、铝或银等。

炭纤维的表面涂层处理方法可以分为气相沉积、溶胶-凝胶、电化学沉积和表面电聚合等沉积方法。

1. 气相沉积

炭纤维表面气相沉积处理是一种有效的炭纤维改性处理方法，沉积层物质有炭、碳化硅、碳化钛和 Al$_2$O$_3$ 等。涂覆后的炭纤维的抗氧化烧蚀特性得以提高，复合材料的性能得以改善。

张红萍等以 CH$_4$、BCl$_3$、H$_2$ 为原料气，采用化学气相沉积法在炭纤维表面连续涂覆 B$_4$C，结论为最佳涂覆条件是：$\nu H_2/\nu BCl_3 = 3.5$、$\nu BCl_3/\nu CH_4 = 1.7$、气体总流速 = 160 mL/min、沉积温度 1 100 °C 和走丝速度 5 转/min 时，涂层纤维的开始氧化温度由未涂层时的 350 °C 提高到 630 ℃，纤维的单丝强度由未涂层时的 1.93 GPa 提高到 3.15 GPa。王玉庆等在纤维表面化学气相沉积 SiC 的实验结果表明，纤维表面涂层可改善复合材料的界面质量，能够阻止界面反应，使炭纤维增强复合材料的强度提高。杨昕等用 CCl_4 对粘胶基炭纤维化学气相沉积补强，结果表明，控制好 CVD 温度、CCl_4 浓度和滞留时间就可以在炭纤维表面生成金属光泽的薄炭层，强度大幅度提高，显微观察可见炭纤维表面变得更加光滑，缺陷减少。

因为气相沉积涂层处理过程中原料气氛可控，在制备梯度涂层方面有很大优势。王浩伟等在炭纤维增强复合材料中，采用气相沉积方法，在炭纤维表面沉积 C-Si 的多功能梯度涂层，使纤维抗氧化性提高，和基体的润湿性改善，热应力减缓，阻挡了界面反应，改善了炭纤维增强复合材料的断裂形式并大大提高了其抗拉强度；他们在文献中还进一步证明 C-Si 梯度涂层纤维的强度高于硅涂层纤维强度，如果将涂层进行适度的氧化，其强度还可以进一步提高。

中国专利（ZL02247163.4）还设计了一种用于炭纤维补强的炭化炉，利用进入炉内的补强剂高温裂解，在纤维表面均匀沉积，达到炭纤维补强的目的。

2. 溶胶-凝胶法涂层

炭纤维溶胶-凝胶法涂层处理是使炭纤维浸入预先制成的涂层溶胶中，使涂层溶液涂覆在纤维表面，然后在惰性气体下高温焙烧得到涂层炭纤维。曾庆冰等以异丙醇铝或钛酸丁酯为原料，分别制得了 Al_2O_3 和 TiO_2 溶胶，再分别在炭纤维上涂覆、焙烧制备得涂层炭纤维。结果表明，涂层有效的阻止了氧分子渗入，提高涂层纤维的耐高温性能。涂层后纤维与熔融铝的润湿性和相容性明显改善，提高了预制丝的强度。邓红兵等经过低分子有机物涂层处理的炭纤维模量、强度和延伸率几乎都没有变化，但复合材料的界面状况得以改善。李银奎等采用 PMOOOPV 的 $CHCl_3$ 溶液浸涂炭纤维，然后在 773 K 炭化，得到亮黑色且分散性很好的涂炭炭纤维，单纤维平均拉伸强度从 2 977.8 MPa 提高到 5 031.2 MPa，且浸涂后强度离散系数、平均矢径等有规律地变小。田茂忠等对经阳极氧化处理后的炭纤维，涂覆合适的稀土盐改性的环氧树脂，其复合材料的抗热氧化能力有所提高，可显著提高复合材料的 ILSS 及其保持率；原丝涂覆合适的稀土盐改性的环氧树脂后，也能提高复合材料的热氧稳定性；用合适的稀土盐改性的环氧树脂对炭纤维进行涂覆处理可以改善复合材料的界面黏合，从而提高复合材料的 ILSS 和在热氧环境中的保持能力。闫联生等研究表明，"涂层＋高温处理"工艺比单纯的高温处理工艺提高纤维强度保留率 13%～44%，涂层厚度约为 0.7 μm 时，效果最佳。

3. 电化学沉积与化学镀

在炭纤维增强复合材料中，因为制备过程中较高的温度和压力可能造成炭纤维的损伤，且基体和炭纤维的润湿性差，纤维和基体的热膨胀系数的差异较大，正因如此，炭纤维的电化学沉积（化学镀）技术得以发展起来。该法在炭纤维表面预先沉积一定厚度的金属基体，用以减少制备过程中炭纤维的损伤，同时改善炭纤维和基体的润湿性，增加界面结合强度，从而改善复合材料的性能。

P. STEFANIK 等采用电化学沉积的方法在炭纤维表面分别沉积了碳化物形成元素 Co-Mo 涂层和非碳化物形成元素 Cu 的涂层以及 Co-Mo + Cu 的涂层,结果表明,炭纤维表面的 Co-Mo 涂层晶粒细小、致密,而 Cu 的涂层粗糙。涂覆后的炭纤维的拉伸强度和原始纤维强度相差无几,与沉积条件和沉积层的厚度均无关。涂覆纤维在 700 °C 热处理后,原始纤维和 Cu 涂层纤维拉伸强度相同,而 Co-Mo + Cu 涂层纤维拉伸强度明显降低。

在炭纤维表面电化学沉积聚合物的研究,也进行得比较广泛。沉积的聚合物有 BTDA-ODA-PDA 共聚物、烯类单体与马来酸酐的含羧基共聚物等。经涂覆处理后,纤维与树脂基体的粘接强度可以明显提高。有报道在乳液环境下对纤维电化学沉积 BTDA-ODA-PDA 共聚物,发现沉积物的性质强烈依赖于乳液中乳化剂浓度、固体含量等参数。

化学镀是利用化学反应,对纤维进行涂覆处理。采用化学镀可使炭纤维表面预先沉积一层所需厚度的金属基体,这样可以部分的防止后续处理对纤维的危害,并能提高表面的浸润性,沉积的物质也可以为聚合物。与电化学沉积相比,化学镀更易于得到均匀镀层,而且边缘和尖角不会额外累积。

4. 表面电聚合涂层

表面电聚合技术,是近年来发展起来的炭纤维表面改性的一项新技术,在电场的引发作用下使物质单体在炭纤维表面进行聚合反应,生成聚合物涂层,从而引入活性基团使纤维与基体的连接强度大幅提高。文献报道,水相条件下,在炭纤维表面电化学聚合吡咯,发现界面结构呈现出一系列不连续变化,如光滑、孔隙、晶粒、微球、薄片等,而未处理但经氧化改性的纤维表面光滑且有偶然的径向条痕;聚合后纤维表面自由能提高 40%左右,从而使纤维对基体的浸润性大大改善。

5. 偶联剂涂层

偶联剂在提高复合材料中界面粘接性能时广泛应用,用硅烷偶联剂处理玻璃纤维的技术已有较成熟的经验。用它处理低模量炭纤维同样可以提高炭纤维增强复合材料的界面强度,但对高模量炭纤维效果不明显。偶联剂为双性分子,一部分官能团能与炭纤维表面反应形成化学键,另一部分官能团与基体反应形成化学键。这样偶联剂就在基体与炭纤维表面起到一个化学媒介的作用,将二者牢固地连在一起。但由于炭纤维表面的官能团数量及种类较少,用偶联剂处理的效果往往不太理想。

6. 聚合物涂层

炭纤维经表面处理后,再使其表面附着薄层聚合物,这就是所谓的上浆处理。这层涂覆层既保护了炭纤维表面,同时又提高了纤维对基体的浸润性。常用的聚合物有聚乙烯醇、聚醋酸乙烯、聚缩水甘油醚、酯环族环氧化合物等,这些聚合物都含有两种基团,能同时与炭纤维表面及基体结合。树脂上浆料的用量一般为炭纤维质量的 0.4% ~ 5%,最佳含量为 0.9% ~ 1.6%。

7. 喷涂涂层

在炭纤维的表面涂覆改性中，喷涂技术也是其中一大类，它包括粒子束喷涂、火焰喷涂、电弧喷涂等。文献报道，采用粒子束喷射技术在炭纤维表面成功地制得厚为 0.5～11.1 μm 的钨层，在高热流下，材料表现出高稳定性，制得的复合材料的微观界面在 3 073 K 高温下才开始改变。

1.3.3　表面掺杂处理

炭纤维表面掺杂处理和涂层处理方法的不同之处在于，掺杂处理是采用粉末中的原子扩散或高能离子注入等方法将异质原子或离子引入炭纤维的一种方法。

唐龙贵等采用硼化合物对炭纤维进行掺杂处理，在其力学性能改变不大的基础上，提高其氧化活化能和热氧化分解温度，提高了纤维的抗氧化性能。王俊山等采用掺杂金属碳化物的方法，加速了炭纤维的烧蚀速度，减少了炭纤维与基体炭之间的界面烧蚀。赵东林等将铁系 0.5～10 μm 的金属粉末按一定体积比混入聚丙烯腈或木质系炭纤维等有机纤维原料中，经过 583～1 073 K 加热炭化，可以制得不仅具有较高电导率而且具有较高磁导率的，质地柔软的高强度理想的吸波炭纤维。J.Y. Howe 等采用 2 273 K 时硼扩散的方法在炭纤维中掺杂硼，可以提高炭纤维的抗氧化性能，在硼的浓度为 1×10^{-3} 时，其电、化学和物理性能都将发生改变。

1.3.4　表面生成晶须处理

炭纤维表面生长晶须的过程包括成核过程以及在炭纤维表面生长高强度单晶的过程。在炭纤维表面，通过化学气相沉积生成炭纳米管/炭纳米纤维（Carbon Nanotube/Carbon Nanofiber，CNT/CNF）、碳化硅、硼化金属和 TiO_2 的晶须，能明显提高复合材料的 ILSS，并且晶须质量只占纤维的 0.5%～4%，晶须含量在 3%～4% 时，层间性能达到最大。晶须一般在纤维上不规整处萌发，沿一个或两个方向择优生长，可以是单晶体、刺状或球状聚集体，是由单晶扭曲而成或是次级成核的晶体。尽管晶须处理能获得很好的效果，但因费用昂贵、难以精确处理，目前工业上很少采用。

1.4　碳、碳化硅纳米材料

1.4.1　纳米材料的特性

纳米材料分为纳米结构材料和纳米相/纳米粒子材料，前者指凝聚的块体材料，由具有纳米尺寸范围的粒子构成；而后者通常是分散态的纳米粒子。纳米相和纳米结构材料在电子、光学、催化、陶瓷学、磁性数据存储及纳米复合材料等诸多领域的潜在应用而受到人们的广泛关注。

材料尺寸减小到纳米尺寸（0~200 nm）范围以后，会表现出许多宏观块体材料不具有的特殊物理效应，主要包括量子尺寸效应、宏观量子隧道效应、小尺寸效应和表面效应等。这使得纳米体系材料的光、电、磁、热等物理性质与宏观块体材料不同，出现许多新奇的物理、化学特性，使其在光学、电学、磁学、催化以及传感器方面具有广阔的应用前景，同时也有力地推动基础研究的发展。

1. 催化特性

催化特性是纳米材料的重要特性之一。纳米材料的高比表面积和表面活性，其独特的表面结构、电子状态和极大的裸露面积对于刺激和促进化学反应而言是有利的。因此，催化特性是纳米材料可以充分发挥的一个特性之一。纳米晶的尺寸对催化剂的依赖性已经被广泛地研究，而关于纳米晶形状对催化剂的依赖比较复杂，研究报道不多。最近在形状可控纳米晶方面的研究，如控制生长{100}、{111}和均匀的{110}截面为主的纳米晶，使纳米材料作为催化剂的领域向前迈进了一步。

2. 力学特性

固体的力学性质强烈的依赖于位错密度、界面-体积比率及晶粒尺寸，而纳米材料的力学性能可能与晶粒-边界滑移或位于界面处的能量损耗有关，晶粒尺寸减小明显影响屈服强度和硬度。晶界结构、晶界角、晶界滑移和位错运动是决定纳米结构材料力学性质的重要因素。

3. 磁学和热力学特性

纳米尺寸粒子的磁学性质与块体的磁学性质不同，纳米尺寸粒子的大的比表面积导致不同的局域环境，在此环境下与邻近的原子发生磁耦合，使其磁学性质与块体材料不同。

纳米晶的比表面积很大，其表面原子在决定其热力学性质方面占有重要地位。表面原子配位数的减小，极大地增加了表面能，以至于在相对低的温度下会发生原子扩散。纳米晶通常具有截面形状，并且倾向于低指数结晶晶面，可见，控制纳米粒子的形状是可能的。另外，对于不同的结晶平面，表面原子的密度发生明显的变化，可以导致热力学性质的不同。

1.4.2 炭纳米管/纤维的制备方法

1. 炭纳米管的制备方法

自20世纪90年代初，日本NEC公司的Sumio Iijima在高分辨透射电镜下发现炭纳米管

（CNT）以来，其特异的力学、电学和化学性质以及独特的准一维管状分子结构等，引发了世界范围的研究热潮。

炭纳米管的外径为 1～50 nm，长度一般从几微米到几百微米，管壁分为单层和多层。其制备方法主要有：电弧法、催化法、微孔模板、激光蒸发石墨法等。

其中，较为成熟的技术是石墨电弧放电法和碳氢化合物的催化分解法。前者是传统生产富勒烯的方法，是在真空反应釜中充以一定压力的惰性气体，采用面积较大的石墨棒为阴极，面积较小的石墨棒为阳极，在电弧放电过程中阳极石墨棒被不断地消耗，在阴极沉淀出含有炭纳米管、富勒烯、石墨颗粒、无定形碳和其他形式的炭颗粒。碳氢化合物的催化分解法是在一平放的管式炉中放入作为反应器的石英管，将一瓷舟置于石英管中，瓷舟底部铺上一薄层负载在石墨粉或硅胶上的金属催化剂或纯金属粉末催化剂。反应混合气（含碳气源的氮气）通过催化床分解析出炭纳米管。

这些电弧法制备的炭纳米管通常是单壁的，相反，低温催化生长的炭纳米管通常是多壁的。可是，人们也认识到，用电弧和激光烧蚀方法制备炭纳米管时，得到的产物经常是炭材料的混合物，产物还需要一道麻烦的提纯过程，从应用的角度考虑，炭纳米管的催化法制备是更有前景的。

另外，高质、高效、连续大批量工业化生产炭纳米管的研究也在积极的进行中。例如，Xie S. S.等开创了制备炭纳米管的新方法，可得管径为 20 nm、管间距为 100 nm、高纯度、高密度且管径一致分布的炭纳米管阵列；Changxin Chen 等开发了脉冲激光消融术制备炭纳米管的新技术；郑国斌等对碳氢化合物催化裂解法进行了分析评价；朱宏伟等采用立式浮动催化裂解法，以正乙烷为碳源实现了单层炭纳米管的低成本大批量连续制备。

2. 炭纳米纤维的制备方法

炭纳米纤维（CNF），直径范围通常为 3～100 nm，长度为 0.1～1 000 μm。专利报道：将催化剂的前驱体溶液涂敷于基板材料表面，干燥，然后置于有机溶剂的火焰中燃烧，收集燃烧后的黑色粉末状产物，即为螺旋炭纳米纤维。在 20 世纪 80 年代，几个工作组研究了 CNF 在复合物添加剂以及催化剂载体方面的应用，人们开始思考如何控制纤维的表面结构、直径、长度、力学性能以及纤维的团聚程度，以制备高强度的大块体材料。

作为制备 CNF 的方法之一，化学气相生长（Chemical Vapor Growth，CVG）炭纤维是将载气（如 H_2）和含碳低分子化合物（如乙炔、苯）通入高温炉中裂解，在催化剂的作用下制备炭纤维的技术。该法具有原料（气源化合物）和催化剂种类多样、工艺流程短、合成温度低、反应过程易于控制、工艺设备简单、成本低等优点。

近年来，本课题组探讨了电热法生长炭纳米纤维和 CVI 热解炭的方法。该方法利用炭纤维自身的导电性对其直接通电加热，通过催化化学气相沉积（CCVD）的方法在炭纤维表面生长纳米炭纤维，该方法还可以对毡体进行 CVI 致密化。

1.4.3 碳化硅纳米晶须/纤维的制备方法

1. 碳化硅纳米晶须的制备方法

晶须强化增韧被认为是解决材料高温韧性的有效方法，而且与连续纤维强化增韧相比，晶须增韧的工艺更为简便。因此，各种先进复合材料对晶须的需求量不断增加。SiC晶须（SiC Whisker，SiCW）是一种直径为纳米级至微米级的具有高度取向性的短纤维单晶材料，晶体内化学杂质少，无晶粒边界，晶体结构缺陷少，结晶相成分均一，长径比大，其强度接近原子间的结合力，是最接近于晶体理论强度的材料，具有很高的比强度和比弹性模量。

SiCW 是极端各向异性生长的晶体，是在 SiC 粒子的基础上通过催化剂的作用，沿〈111〉面生长的短纤维状晶体。目前生产 SiCW 的方法大体上可分为两种：一种为气相反应法，即用含碳气体与含硅气体反应，或者分解一种含碳、硅化合物的有机气体合成 SiCW 的方法；另一种为固体材料法，即利用载气通过含碳和含硅的混合材料，在与反应材料隔开的空间形成 SiCW 的合成方法。在这两种方法中，固体材料法更经济，适合工业化生产。无论哪种方法，为了使晶须生长，Si 和 C 都必须为气相或引入液相成分。

固体材料法可以使用大量不同类型的原料催化剂大规模、工业化生产 SiCW，主要通过气（V）-液（L）-固（S）机理（简称 VLS 机理）和气（V）-固（S）机理（简称 VS 机理）来实现。VLS 机理是在 Fe，Ni，NaF 等催化剂作用下，高温液相中的硅与碳反应，以过饱和原理析出 SiC 晶须，合成总反应管中加热一定时间后，即可得到 SiCW。

陈卫武等利用其他方法合成了高纯度 SiCW，并观察到了 SiCW 的生长方式为台阶生长。其生长机理为气（V）-固（S）机理（VS 机理），即依靠气相中的 SiO 和 CO 之间的化学反应生成的 SiC 来成核和长大的。

2. 碳化硅纳米纤维的制备方法

碳化硅纳米纤维（SiC Nanofiber，SiCNF）作为一种新型陶瓷纤维，与炭纤维和氧化物纤维相比，在抗拉强度、抗蠕变性能、耐高温、抗氧化性以及与陶瓷基体良好相容性方面表现优异。同时 SiCNF 集结构、隐身、防热多功能于一身，是一种非常理想的无机增强纤维，在航天、航空、兵器、船舶和核工业等一些高技术领域具有广泛的应用前景。

SiCNF 的制备方法主要有化学气相沉积法（CVD）、超细微粉烧结法、活性炭纤维转化法、有机先驱体转化法等。其中，化学气相沉积法和有机先驱体转化法制备 SiCNF 已经实现产业化。但采用这两种方法制备的 SiCNF 的直径都较大，柔韧性差，难以编织，因而不利于复杂复合材料预制件的制备。此外，上两种方法制备的 SiCNF 的成本都较高，极大地限制了SiCNF 的实际应用。

采用类似于 CNT/CNF 的 CVG 法制备 SiCNF 逐渐受到材料科学家的关注。Wallenberger等以 SiH_4 和 C_2H_4 为原料，在 120 kPa 的气压下采用激光辅助化学气相沉积法（LCVD）制备了生长速度为 20 ~ 75 µm/s、直径为 30 ~ 136 µm 的多晶或无定形 SiC 纤维。Yang 等采用原位化学气相生长法制备了直径为 20 ~ 100 nm、长度超过 10 µm 的 SiC 纳米线。谢征芳等以一甲基三氯硅烷为气源化合物，二茂铁为催化剂，噻吩为催化助剂，用化学气相生长法直接制备直径为 20 nm ~ 15 µm、长度从 10 µm 至数毫米的高长径比 SiC 纤维。本课题组以三氯硅烷（CH_3SiCl_3, MTS）为 SiC 气源化合物，电镀镍为催化剂，用化学气相生长法在炭纤维表面直接制备直径为几十纳米、长度从几十至几百 微米的β-SiC 纳米纤维，进而以工业丙烯（C_3H_6）为炭气源，CVI 增密得到纳米碳化硅纤维改性 C/C 复合材料。

1.5　纳米纤维增强、增韧 C/C 复合材料

1.5.1　纳米纤维在 C/C 复合材料中的应用

炭纳米管/炭纳米纤维（CNT/CNF）是一种典型的一维纳米材料，具有良好的力学性能和传导性能，与传统的炭纤维增强材料相比，有着更高的比表面积、强度、模量和导热性能。研究表明，CNTs 增强陶瓷和热解炭可以有效增加材料的热导率；另外，有报道称，在 C/C 复合材料中，CNT/CNF 能提高热解炭与炭纤维的结合强度和改善热解炭的微观结构，可以诱导生成高织构的粗糙层，可以显著增强复合材料的摩擦磨损性能，而且在不同的载荷下还可以维持稳定的摩擦系数，可以显著的改善 C/C 复合材料的界面特性。同时，CNT/CNF、炭纤维和热解炭都是由碳元素组成，其界面间有良好的润湿性，在炭纤维表面原位生长的 CNT/CNF 各向生长，可以有效的弥补炭纤维编织的前驱体的各向异性的问题，有望真正改善 C/C 复合材料的力学和热物理性能，特别是在改善炭纤维和基体（热解炭或树脂炭）之间的界面，在减少界面裂纹和裂纹扩展方面具有重要意义。

由于 SiCW/SiCNF 具有优异的性能，从而决定了它们在 C/C 复合材料中用作增强、增韧相。由于晶须和基体材料的热膨胀系数不同，使得 SiCW/SiCNF 和基体材料界面间产生剩余应力，复合材料在受外力作用产生微裂纹后，裂纹端部的应力伸展到 SiCW/SiCNF 和基体界面时就会和 SiCW/SiCNF 与基体界面的残余应力发生作用，SiCW/SiCNF 和基体界面的残余应力会部分或全部地吸收外加应力。这样，SiCW/SiCNF 就通过桥联裂纹偏转晶须拔出效应和断晶作用来阻止微裂纹的进一步扩展，从而起到增强、增韧基体材料的作用，使该复合材料具有很高的韧性和抗拉强度。在 C/C 复合材料中，SiCW/SiCNF 作为第二相粒子均匀分布在炭纤维和致密的 PyC 基体中，能与 PyC 基体很好地匹配。另外，SiCW/SiCNF 在高温时具有很好的稳定性，所以，其增强、增韧的 C/C 复合材料在 1 273 K 以上时仍然可能保持良好的力学性能和抗烧蚀性能。

1.5.2 纳米纤维在 C/C 复合材料中的添加方法

文献报道的在 C/C 复合材料中添加 CNT/CNF 增强炭复合材料主要有以下几种途径：

（1）浸渍法。预先将 CNT/CNF 和沥青或树脂混合，再将炭毡浸渍在这些沥青或树脂中，达到添加 CNT/CNF 的目的。但是由于 CNT/CNF 和其他纳米材料一样存在比表面积大、比表面能高、不能根本解决其团聚而难以均匀分散的问题。

（2）定向生长法。用定向生长的 CNTs 直接增强热解炭，此法目前还只能用于制备出微观尺度的材料；

（3）原位生长法。在毡体炭纤维表面原位生长 CNT/CNF，再以此毡体增密处理得到 C/C 复合材料。该法可以使 CNT/CNF 在炭纤维各向生长，很好地解决了纳米相难以分散的问题，而且对炭纤维的"桥联"效果很好。

在本工作之前，尚没有在 C/C 复合材料中添加 SiCW/SiCNF 的报道，但实验中可以借鉴在 C/C 复合材料中添加 CNT/CNF 的方法。

2 实验方案、材料和研究方法

2.1 实验方案

主要研究方案如下：

（1）将典型炭纤维预处理后，在其表面加载镍催化剂，再在 CVD 炉中催化化学气相沉积（CCVD）生长炭纳米管/炭纳米纤维（CNT/CNF）或碳化硅纳米纤维（SiCNF），探讨电镀镍和 CCVD 工艺对 CNT/CNF 或 SiCNF 微观形貌、生长速度的影响，并对其性能进行检测和表征。

（2）将炭纤维无纬布预处理、电镀镍后，在 CVD 炉中进行 CCVD 生长 CNT/CNF 或 SiCNF，制备 CNT/CNF/CF 或 SiCNF/CF 预制体，再将其进行 CVI 热解炭（PyC）增密，制备 CNT/CNF 或 SiCNF 增强的 C/C 复合材料，对复合材料的微观形貌、热解碳（PyC）的结构和性能进行探讨，解释 CNT/CNF 或 SiCNF 对 C/C 复合材料的性能产生影响的原因及其机制。

实验研究方案如图 2-1 所示。

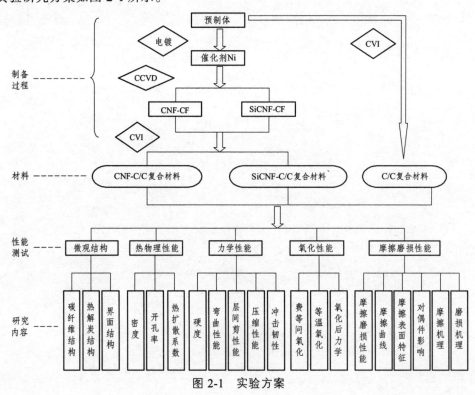

图 2-1　实验方案

2.2 实验材料

2.2.1 炭纤维

实验采用聚丙烯腈基炭纤维，为日本东丽公司生产的 T700-12K 炭纤维。其性能见表 2-1。

表 2-1 炭纤维的性能

牌号	直径/μm	密度/（g/cm³）	拉伸强度/MPa	拉伸模量/GPa
T700-12K	7	1.80	5 000	294

2.2.2 CVD（或 CVI）所用碳源或 SiC 源

炭纤维 CVD 处理、CCVD 生长炭或碳化硅纳米纤维和 CVI 增密制备 C/C 复合材料所用的热解炭（PyC）源和 SiC 源分别为工业丙烯（C_3H_6）和三氯甲基硅烷（CH_3SiCl_3，MTS），其物化特性参数见表 2-2。

表 2-2 C_3H_6 和 MTS 的物化性能

名称	凝固点 /°C	沸点 /°C	着火点 /°C	密度 /(g·cm⁻³)	纯度 /%	含量/%	
						Cl	SiC
C_3H_6	−185.2	−47.7	497	0.52	99	/	/
MTS	6.0	96	1.80	4900	92	69.5	24.6

2.2.3 其他原材料

实验中去胶用丙酮、清洗用去离子水、氧化用硝酸、电镀和化学镀用盐及 CVD（或 CVI）用辅助气体的生产厂家及特性参数如表 2-3。

表 2-3 其他原料的生产厂家及物化性能

材料名称	分子式	纯度/%	生产厂家
丙酮	CH_3COCH_3	分析纯	湖南师大化学试剂厂
去离子水	H_2O	/	实验室自制
硝酸	HNO_3	65	株洲石英化玻试剂厂
六水合硫酸镍	$NiSO_4.6H_2O$	98.5	汕头市西陇化工厂
氢气	H_2	99.99	中南大学粉冶院自制
氮气	N_2	99.99	中南大学粉冶院自制

2.3　试样处理及制备方法

2.3.1　炭纤维去胶处理

日本东邦公司的 T700-12K 炭纤维表面都有环氧树脂（胶）保护涂层，电镀前先去胶：将炭纤维束放入丙酮中浸泡 12～20 h，再在去离子水中超声波清洗，在 473 K 干燥箱中干燥 4 h，得到去胶炭纤维（试样记为 H0）。

2.3.2　CCVD 生长 CNT/CNF

本实验在炭纤维表面CCVD原位生长 CNT/CNF 所用设备为热壁式均温化学气相沉积炉，功率为 60 kW，用光电高温计、自控温控系统测量和调控沉积炉温度，工作区间为 $\phi 200 \times 300$ mm，最高工作温度为 1 473 K，见示意图 2-2。CVD 涂敷 PyC 采用工业丙烯（C_3H_6）为气源，氮气（N_2）为稀释气体，沉积气氛中气体流量比为 $C_3H_6/N_2 = 2 : 3$，炉内压力为 500～600 Pa。各试样的沉积温度和时间见表 2-4。

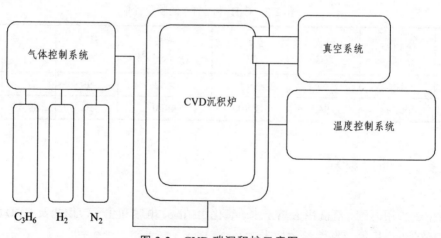

图 2-2　CVD 碳沉积炉示意图

表 2-4　各试样对应的 CVD 处理工艺参数

试样编号	H0	HC	H5	H6	HS
纤维种类	T700-12K	T700-12K	T700-12K	T700-12K	T700-12K
处理方法	/	CVD PyC	空烧	空烧	CVD SiC
沉积温度/K	/	1 173	1 173	1 173	1 273
沉积时间/h	/	6	/	6	2

CCVD 生长 CNT/CNF 时采用 T700-12K 炭纤维，先将其表面进行去胶、预处理，再在其表面通过电镀的方法加载镍催化剂，最后在炭纤维上 CCVD 生长 CNT/CNF。本实验中不同工艺条件见表 2-5。

表 2-5　CCVD 生长 CNT/CNF 的工艺条件

工艺编号	C_3H_6/（mL/min）	H_2/（mL/min）	N_2/（mL/min）	压力/Pa	温度/K	时间/h
1	30	200	400	700～1 000	1 173	4
2	30	200	400	700～1 000	1 173	6
3	30	200	400	700～1 000	1 273	4
4	30	200	400	700～1 000	1 073	4
5	80	200	400	700～1 000	1 173	4
6	10	200	400	700～1 000	1 173	4

2.3.3　CCVD 原位生长 SiCNF

本实验 CCVD 原位生长 SiCNF 所用设备为热壁式均温化学气相沉积炉，电功率为 60 kW，用光电高温计、自控温控系统测量和调控沉积炉温度，工作区间为 $\phi 200 \times 300$ mm，最高工作温度为 1 673 K，见示意图 2-3。CVD SiC 薄膜采用工业三氯甲基硅烷（MTS）为碳化硅源，氩气（Ar）为稀释气体，氢气（H_2）为载气，沉积气氛中气体流量比为 MTS/Ar/H_2 = 1∶2∶3，炉内压力为 600～1 000 Pa。各试样的沉积温度和时间见表 2-6。

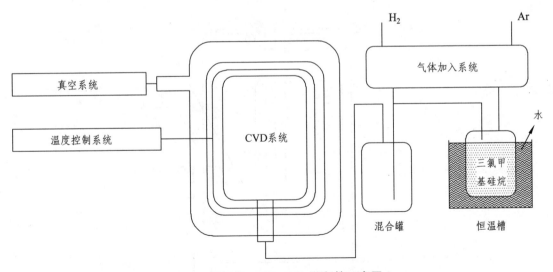

图 2-3　CVD SiC 沉积炉示意图

炭纤维表面 CCVD 生长 SiCNF 的工艺条件见表 2-6。升温及保温阶段，控制炉内压力始终小于 50 Pa；达到沉积温度后，将 MTS 的载气以及稀释气体混合后输入反应区；当沉积时间达到工艺所需要的时间后，停止通气，关闭电源，炉内温度低于 200 ℃ 时，取出样品。

表 2-6　CCVD 生长 SiCNF 的工艺条件

工艺编号	电镀镍时间/min	MTS：H_2：N_2	压力/Pa	温度/K	时间/h
1	2.5 ~ 10	1：7：10	500 ~ 1 000	1 273	2 ~ 10
2	5	1：7：10	500 ~ 1 000	1 473	2
3	5	1：7：10	200 ~ 500	1 273	2
4	5	1：10：20	500 ~ 1 000	1 273	2
5	5	1：7：10	1 000 ~ 2 000	1 273	2
6	5	2：7：10	500 ~ 1 000	1 273	2

2.3.4　炭纤维电镀镍

采用 T700-12K 炭纤维进行电镀镍实验，电镀装置如图 2-4 所示。电镀电源为深圳安泰信电子有限公司生产的正负对称输出直流稳压电源，型号为 PMR155。电镀液采用硫酸镍溶液，浓度为 5% 左右。采用连续走丝的方法对炭纤维进行电镀，走丝速度为 20 ~ 40 cm/min。通过改变纤维的走丝速度和电流大小调整炭纤维表面电镀镍的形态和数量。电镀后的炭纤维去离子水中超声波清洗 2 ~ 3 次，373 K 保温 2 h 烘干。

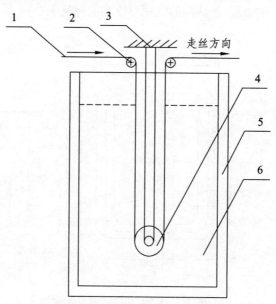

图 2-4　电镀镍设备示意图

1—炭纤维；2—导轮（阴极）；3—固定装置；4—导轮；
5—不锈钢电镀槽（阳极）；6—电镀液

2.3.5　炭纤维化学镀镍

采用 T700-12 K 炭纤维进行化学镀镍处理，工艺流程如下：炭纤维→去胶→清洗→粗化→清洗→中和→清洗→敏化→清洗→活化→清洗→还原→清洗→化学镀镀镍→清洗→烘干。其中粗化、中和、敏化、活化、还原和化学镀方法如下：

1. 粗　化

利用化学粗化液使炭纤维表面呈现微观的粗糙，增大镀液与炭纤维的接触面积，并使炭纤维表面由憎水体变为亲水体，增强镀层与基体的结合力。化学粗化液的配方及工艺见表 2-7。

表 2-7　化学镀镍粗化液配方及工艺

过二硫酸铵	硫酸（$d = 1.84$ g/cm^3）	温度	时间
200 g/L	100 mL/L	10 ~ 25 °C	15 min

2. 中　和

用 10% 的 NaOH 溶液，中和经粗化后残留在炭纤维表面的酸，避免残留的酸对敏化液产生影响。

3. 敏　化

敏化处理是使炭纤维表面吸附一层易氧化的物质，在活化处理时，活化剂被还原形成催化晶核，吸附在炭纤维的表面，使化学镀工序可以在这些催化晶核的表面进行。本试验采用 SnCl2 敏化液，敏化原理见式（2-1）、（2-2），配方及工艺见表 2-8。

$$SnCl_2 + H_2O \rightarrow Sn(OH)Cl + H^+ + Cl^- \tag{2-1}$$

$$SnCl_2 + 2H_2O \rightarrow Sn(OH)_2 + 2H^+ + 2Cl^- \tag{2-2}$$

表 2-8　化学镀镍敏化液的配方及工艺参数

氯化亚锡	盐酸（$d = 1.19$ g/cm^3）	锡粒	温度	时间
15 g/L	50 g/L	5 g/L	室温	5 min

4. 活　化

将经敏化处理后的炭纤维浸入含有催化活性的贵金属（如钯）化合物的溶液中，进行再处理，使炭纤维表面生成一层具有催化活性的贵金属颗粒。

本试验采用 PdCl2 活化液，活化原理见式（2-3）。其中，具有催化活性的金属微粒 Pd 就是化学镀镍的结晶核心。配方及工艺见表 2-9。

$$Pd^{2+} + Sn^{2+} \rightarrow Sn^{4+} + Pd \tag{2-3}$$

表 2-9 化学镀镍活化液的配方及工艺

氯化钯	盐酸（$d = 1.19$ g/cm³）	温度	时间
0.5 g/L	10 mL/L	室温	5 min

5. 还　原

将经过活化处理的炭纤维浸入 10～30 g/L 的次磷酸钠溶液中，室温搅拌 1 min 左右。还原处理的目的主要是将经活化处理后残留的炭纤维表面的 $PdCl_2$ 还原，防止其带入镀液，导致镀液不稳定。

6. 化学镀

将还原的炭纤维进行化学镀，其镀液配方按照中磷（磷含量为 7.5%～9%）镀液配方配制，配方和工艺条件见表 2-10。

表 2-10 化学镀液配方及工艺

硫酸镍	次磷酸钠	醋酸钠	柠檬酸钠	硝酸铅	PH 值	温度	搅拌方式
20 g/L	30 g/L	30 g/L	25 g/L	7 mg/L	4.5～5	85～95 °C	超声震荡

2.3.6　CNT/CNF/CF 和 SiCNF/CF 预制体的制备

将 T700-12K 炭纤维编织成密度为 0.26 g/cm² 的无纬布，剪切成 100 mm × 100 mm 的方块，每五块为一组，在如图 2-5 所示的自制电镀装置中电镀镍催化剂颗粒，镀镍后烘干，叠 50 块后用石墨夹具在一端固定，采用 2.3.2 和 2.3.3 中的炭纤维表面 CCVD 生长 CNT/CNF 及 SiCNF 的方法，在无纬布上 CCVD 生长 NF，得到 CNT/CNF/CF 和 SiCNF/CF 复合毡体。电镀电源为深圳安泰信电子有限公司生产正负对称输出的直流稳压电源，型号为 DF17305L30A。

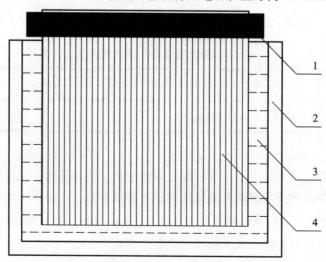

图 2-5　无纬布电镀镍装置示意图

1—夹持装置（阴极）；2—不锈钢电镀槽（阳极）；3—电镀液；4—无纬布

2.3.7 C/C 复合材料的制备

将 CNT/CNF/CF 和 SiCNF/CF 复合毡体置于图 2-2 所示的化学气相沉积炉中 CVD PyC 增密。CVD PyC 采用工业丙烯（C_3H_6）为气源，氮气（N_2）为稀释气体，沉积气氛中气体流量比为 $C_3H_6/N_2 = 2 : 3$，炉内压力为 800 ~ 1 000 Pa。沉积温度为 1 173 K，在密度达到 1.5 g/cm³左右，将所有试样置于 2 273 K 石墨化炉中石墨化 6 h 后，继续 CVI 增密得到密度在 1.55 ~ 1.65 g/cm³ 之间的 NF 增强增韧的 C/C 复合材料。各试样的制备工艺参数见表 2-11。

表 2-11　C/C 复合材料试样的制备工艺

试样编号	工艺步骤（"/" 表示未进行此项处理）				
	① CVD PyC/K×h	② 电镀镍 /min	③ CCVD 生长 CNT/CNF/K×h	④ CCVD 生长 SiCNF/K×h	⑤ CVD PyC 增密 工艺/K×h
DO	/	/	/	/	1 173×150
DC	/	10	1 173×6	/	1 173×150
DS	/	10	/	1 273×3	1 173×150
DT	1 173×6	10	/	1 273×3	1 173×150

2.4　分析测试方法

2.4.1 SEM 和 EDS 分析

在日本电子生产的 JSM-6360LA 型扫描电子显微镜（Scan Electron Microscopy，SEM）上进行试样微观形貌观察。采用 SEM 上的能谱分析仪（Energy Dispersive Spectroscopy，EDS）进行成分分析，以确定试样微区元素组成和分布。

2.4.2 TEM 分析

透射电子显微镜（Transmission Electron Microscopy，TEM）用聚焦电子束作为照明源，使用对电子束透明的薄膜试样（几十到几百纳米），以透射电子为成像信号。工作原理如下：电子枪产生的电子束经聚焦后均匀照射到试样上的某一待观察微小区域上，入射电子与试样物质相互作用，由于试样很薄，绝大部分电子穿透试样，其强度分布与所观测试样区的形貌、组织、结构一一对应。透过试样的电子经过放大投射在观察图形的荧光屏上，荧光屏把电子强度分布转变为人眼可见的光强分布，于是显示出与试样形貌、组织、结构相对应的图像。

实验所用 TEM 为 JEOL2010 Ⅱ 型透射电子显微镜（日本电子株式会社）和 TECNALF30 型透射电子显微镜（荷兰 Phillip 公司），加速电压为 200 kV。在观察 CNT/CNF 和 SiCNF 的形貌时，一部分 CCVD 生长纳米相的试样，直接在 TEM 下观察；另一部分观测前先将 CCVD 有纳米纤维的试样在酒精中超声波震动分散，取悬浊液数滴于导电炭膜上，干燥后在 TEM 下观察。C/C 复合材料试样先切片，物理减薄、双面等离子减薄，直到试样中心被击穿，薄区厚度在 50 nm 以下进行 TEM 观察。

2.4.3 XRD 分析测试

X 射线衍射（X-ray Diffraction，XRD）测量在 Rigaku D/MAX-3C 型 X 射线衍射-光谱仪上进行。采用粉末试样，Si 作内标，试验参数为：$CuK_{\alpha 1}$ 单色光辐射、$\lambda Cu = 1.540\ 50$ Å、管电压 43 kV、电流 20 mA、步长 40 s、步宽 $0.5°$、2θ 取值范围 $22° \sim 29°$ 内测（002）层面的衍射强度。分别用峰顶法、半高宽法来确定 2θ 角，然后取平均值，根据 2θ 计算出 d_{002}。计算石墨化度（R）值的公式为：

$$R = (3.440 - d_{002})/(3.440 - 3.354) \times 100\% \tag{2-4}$$

2.4.4 金相显微镜分析

在制备的 C/C 复合材料和 NF-C/C 复合材料中取小块试样进行金相显微观察。以环氧树脂为原料、邻苯二甲酸二丁酯为溶剂，乙二胺为固化剂（质量比为 15∶5∶1）进行冷镶试样。采用 600#，800#，1000#，1500#，2000#金相砂纸将试样表面磨平，再经 2000#，4000#水砂纸磨光，最后在自动抛光机上进行深层抛光。最后采用德国 Leica MeF3A 和 POLYVAR-MET 大型金相光学显微镜（OM）金相显微镜在正交偏正光下观察试样的形貌。

2.4.5 三维视频显微镜分析

三维视频显微镜可测量丰富的二维数据、点高度、体积和面积；可进行基于三维建模的 3D 数据测量，用于各种行业的实用测量，可实高动态解析度彩色实时画面及三维可变角度旋转观察。采用日本 HIROX 公司生产的 KH-7700 三维视频显微镜观察材料的摩擦表面形貌。

2.4.6 孔隙度的测定

分子吸附测量被广泛用来表征多孔固体的孔隙与表面结构，由于氮分子尺寸小，吸附测量方便实用，并可以提供一系列有关孔隙结构的内部信息，因此低温氮吸附常用来解析多孔固体表面结构。炭纤维的 N_2 吸附等温线由美国 QUANTACHROME 公司的 Autosorb-1 静态体积吸附分析仪测出。处理前后的炭纤维在 773 K 时脱气 7 h，再采用高纯氮（99.99%）为吸附质，由 Autosorb-1 静态体积吸附分析仪测出在 77.35 K 的 N_2 吸附等温线，比表面积由标准的 BET 方法进行计算；运用 Horvath-Kowazoe 方程计算平均微孔尺寸；运用 Doubinin 方程，计算平均微孔直径；运用密度函数理论表征炭纤维样品的整体孔径分布。

2.4.7 热重分析

采用美国 TA 仪器公司生产的 SDT-Q600 型同步热分析仪进行热重分析，研究 CVD 薄膜处理的炭纤维等温氧化失重。热重分析用炭纤维为长度 3~5 mm 的短纤维。实验参数为：升温速率 10 K/min，空气流量 100 mL/min。采用热天平记录质量的变化，热天平感量为 0.1 μg。

2.4.8 拉曼光谱分析

Raman（拉曼）光谱可用于测定有机及无机材料的分子结构和组成，本实验以 Raman 光谱分析，表征炭纤维氧化前后、CVD 薄膜涂层炭纤维、CNT/CNF、SiCNF 和 NF 增强增韧 C/C 复合材料的拉曼特性，分析试样微区石墨微晶大小、表面无序度和石墨化度的变化。Raman 测试是在 JOBN 公司的 YUON-Lab 共焦显微拉曼光谱仪上进行，实验条件为室温、512 nm 的 Ar^+ 激光光源，入射到样品上的功率为 2.5 W，光谱分辨率为 1 cm^{-1}，测试范围为 0~2 000 cm^{-1}。

2.4.9 C/C 复合材料力学性能测试

1. 抗弯强度测试

将各组 C/C 复合材料切割后打磨成 55 mm×8 mm×4 mm 的长条形块状试样，切割方向分为平行和垂直纤维轴向方向（见示意图 2-6），每组取 6 个试样，弯曲强度采用 GB/T 14390—1993 测试标准，跨距为 50 mm 的三点弯曲法测试，加载速度为 0.2 mm/min。测试数据记录和分析处理由设备自带软件完成，抗弯强度按照 GB1.1-8.1 进行计算，根据标准差来决定试样的有效强度，结果取 6 个试样的平均值。

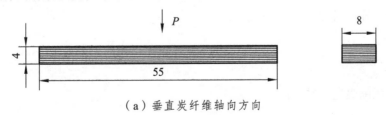

（a）垂直炭纤维轴向方向

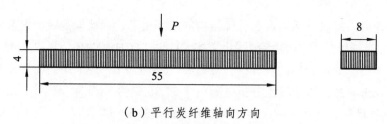

（b）平行炭纤维轴向方向

图 2-6　抗弯强度测试示意图

弯曲强度与弯曲弹性模量的按公式（2-5）、（2-6）计算。

$$\sigma_f = \frac{3PL}{2bh^2} \qquad\qquad (2\text{-}5)$$

$$E_f = \frac{\Delta PL^3}{4bh^3\Delta f} \qquad\qquad (2\text{-}6)$$

式中　σ_f ——弯曲强度，MPa；

　　　E_f ——弯曲模量，GPa；

　　　ΔP ——对应载荷-位移曲线上的直线段的载荷增量，N；

　　　ΔF ——对应于 ΔP 的位移增量，mm；

　　　P ——试样断裂时的最大载荷，N；

　　　L、b 和 h 分别为跨距、试样宽度和试样厚度，mm。

2. 抗压强度测试

将各组 C/C 复合材料切割后打磨成 10 mm×10 mm×10 mm 的方块试样，切割方向分为平行和垂直纤维轴向方向（见示意图 2-7），每组取 6 个试样进行抗压强度试验，试验设备为日本岛津万能拉力学实验仪。压缩测试按照 GB8489-87 标准进行。加载速度为 0.2 mm/min，测试数据记录和分析处理由设备自带软件完成，抗压强度结果取六个试样的平均值。

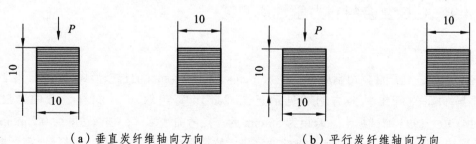

（a）垂直炭纤维轴向方向　　　　　　（b）平行炭纤维轴向方向

图 2-7　抗压强度测试示意图

压缩强度计算公式为

$$\sigma_c = \frac{P}{A} \qquad\qquad (2\text{-}7)$$

式中　σ_c ——压缩强度，MPa；

P——试样压碎时的最大压力，N；

A——试样横截面积，mm^2。

3. 显微硬度测试

将进行 C/C 复合材料试样镶样后抛光，表面覆膜处理后，在设备 HVS-1000 型显微硬度计上进行显微硬度测试，额定载荷为 200 g（1.96 N），每个试样取 6~10 个点，显微测量压痕尺寸，根据显微硬度计算公式计算各试样的硬度，测试结果取平均值。

2.4.10 导热性能测试

参考 ASTM 中 C714-85 标准及 GB11108-89 标准，采用 JR-2 型激光导热仪测定 C/C 复合材料在垂直和平行炭纤维轴向方向上的热扩散率 α，样品的尺寸为 $\phi 10 \times 4 \, mm$，材料热导率的计算公式为

$$\lambda = 418.68 \times C_p \times \alpha \times \rho \tag{2-8}$$

式中 λ——导热系数，$W \cdot m^{-1} \cdot K^{-1}$；

α——热扩散率，$cm^2 \cdot s^{-1}$；

C_p——比热容，$Cal \cdot g^{-1} \cdot K^{-1}$，这里 C_p 室温下通常可看作常数，取值为 $0.17 \, Cal \cdot g^{-1} \cdot K^{-1}$；

ρ——材料的表观密度，$g \cdot cm^{-3}$。

2.4.11 氧化性能测试

采用循环氧化试验方法考察复合材料的等温氧化性能。管式电阻炉升温到预设定温度后，将试样直接从室温环境推入至管式炉的高温环境中，保温一定时间后，再直接将试样从管式炉中取出，空冷至室温称重，并循环以上过程。推入试样和取出试样的时间都不超过 30 s。以炉温的不同，考查试样不同温度下的氧化性能。保温时间可以根据试样的失重情况确定。一般情况下，开始的 3 个循环保温时间为 10 min，以后的循环时间为半小时。

2.4.12 摩擦磨损性能测试

由于材料的使用环境不同，对材料的摩擦磨损性能具有不同的要求，其测试方法也不同。本研究中从材料学研究出发采用 UMT-3 型多功能微摩擦磨损测试仪测试了复合材料的一般摩擦磨损性能；并采用 MM-1000 型摩擦磨损试验机，在模拟制动条件下测试了复合材料在制动过程中摩擦磨损性能。

1. UMT-3 型多功能微摩擦磨损实验

磨损测试在 UMT-3 多功能微摩擦磨损测试仪上进行，如图 2-8 所示，以销-块线接触方式作往复运动，固定上方的销，下方的块状试样作单向滑行运动，采用应变传感器测量块状试样在 z 方向的变形，即测量滑行过程中试样承受的摩擦力 F_x（切向力）和载荷 F_z（法向力），摩擦系数则由 F_x/F_z 的比值计算。最终的摩擦系数测试值为每个摩擦信号在有效区间的平均值。本实验中，销对偶为 45#钢，滑动距离为 15 mm，载荷为 60 N，往复速度分别为 600、800、1 000、1 200 和 1 400 次/min，实验时间为 30 min，试样尺寸为 $25 \times 25 \times 15$ mm³，试验前，采用磨床打磨工作面后研磨抛光至表面粗糙度 $R_a = 0.05 \sim 0.1$ μm，工作面的平行度为 0.03。

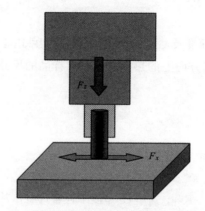

图 2-8　往返运动微摩擦实验示意图

2. MM-1000 惯性摩擦试验

摩擦试验在 MM-1000 惯性摩擦试验机上进行，如图 2-9 所示。该摩擦试验方法为热冲击法。试样为 ϕ 75 mm 外径、ϕ 53 mm 内径和 $7 \sim 8$ mm 厚度的环状，如图 2-10 所示。

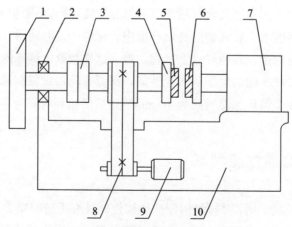

图 2-9　惯性摩擦试验机原理示意图

1—惯性轮；2—轴承；3—离合器；4—转子保持器；5—转子；6—定子（C/C）；
7—压缸；8—皮带；9—电机；10—机箱

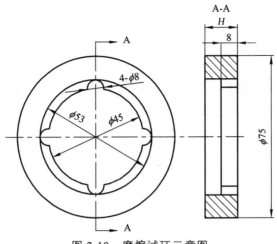

图 2-10 摩擦试环示意图

两端面用磨床磨削平整，正式试验前还需先磨合两摩擦面达到 80% 以上的贴合程度。实验中以测试材料为静盘，分别选用了自身材料以及硬度为 HRC41 的 30CrMoSiVA 合金钢为动盘，通过测量摩擦制动力矩根据公式（2-9）可计算得到摩擦系数，在实验中多次测试，取 20 个有效数据的平均值为最终结果。

$$\mu = \frac{M}{1\,000PSR} \tag{2-9}$$

式中　μ——平均摩擦系数；

　　　M——平均摩擦力矩，N·m；

　　　P——作用于试样摩擦面的摩擦压力，MPa；

　　　S——摩擦面的面积，m^2；

　　　R——摩擦面内外圆的平均半径，m。

由试验机记录摩擦系数、稳定系数、平均功率和摩擦能量等，同时记录材料摩擦次表面的温度变化。试样的磨损采用线性磨损和质量磨损计算。采用精确至 0.01 mm 的螺旋测微器测量试环上 5 点处摩擦前后的尺寸变化值作为线性磨损，按式（2-10）计算。

$$\Delta_l = \frac{\Delta_L}{n} \times 1000 \tag{2-10}$$

式中　Δ_l——单位线性磨损量，μm/次；

　　　Δ_L——试样试验前后平均厚度差，mm；

　　　n——试验次数。

采用精确度为 0.000 1 g 的电子天平测量摩擦前后试环的质量，按公式（2-11）计算。

$$\Delta_M = \frac{\Delta_G}{n} \times 100 \tag{2-11}$$

式中　Δ_M——单位质量磨损量，mg/次；

　　　Δ_G——试样试验前后质量差，mg；

　　　n——试验次数。

3 炭纤维表面自生 CNT/CNF 的结构及形成机制

3.1 引 言

在 C/C 复合材料中，炭纤维的体积分数较小，一般不到 40%，其周围被绝大部分的基体炭包裹，如果改性效果仅仅局限在纤维表面附近，而不能拓展到基体炭中去，其作用肯定是非常有限的。为了最大限度地提高 C/C 复合材料的性能，从炭纤维改性的角度，希望做到以下三点：

（1）通过炭纤维改性，最大限度地提高炭纤维自身的性能；

（2）通过炭纤维改性，最大程度地改善炭纤维/基体炭的结合界面；

（3）通过炭纤维改性，最大尺度地改变基体炭的结构和性能。

炭纤维各种改性方法中，能够同时做到这三点的，首选的方法是引入一维或二维纳米相物质。借助于纳米相大的比表面积，完整的晶体结构，独特的力学、热学、电磁学特性和在一维或二维方向上大的尺寸，最大限度地提高炭纤维自身的性能，最大程度地改善炭纤维/基体炭的结合界面，最大尺度地改变基体炭的结构和性能。在 C/C 复合材料中，为了不引入其他元素，这种纳米相应该是非炭纳米管（CNT）和炭纳米纤维（CNF）莫属了。

自 1991 年，lijima 发现 CNT 至今，CNT/CNF 的制备和表征方法已经相当完善，在常用的制备和添加方法中，考虑到用电弧法和激光烧蚀法制备 CNT/CNF 时，得到的产物经常是炭材料的混合物，以及采用浸渍法和定向生长法引入 CNT/CNF 时难以分散等缺点，本研究采用催化化学气相沉积（CCVD）原位生长 CNT/CNF 的方法。因为金属镍是催化法制备 CNT/CNF 时常用的催化剂，根据炭纤维的特性，既适合电镀，又适合化学镀，所以实验中采用不同的镍催化剂加载方法和 CCVD 工艺，研究炭纤维炭纳米改性的影响因素。

3.2 实验过程

将 T700-12 K 炭纤维去胶后，在其表面通过电镀或化学镀的方法加载镍催化剂颗粒，再采用 CCVD 的方法在炭纤维表面原位生长 CNT/CNF。其中，主要探讨炭纤维表面电镀和化学镀镍催化剂的差别，并研究 CNT/CNF 结构的影响因素和形成机制。电镀和化学镀工艺、

CCVD 原位生长 CNT/CNF 工艺见第 2 章。对实验所得的纳米炭进行 SEM、TEM 和拉曼光谱分析。

3.3 镍催化剂的加载

目前炭纤维表面镀镍大致分为物理方法和化学方法两大类。物理方法包括离子溅射法、真空蒸镀法、金属粉末喷涂和金属涂敷法等；化学法主要采用化学镀和电镀。其中电镀法具有操作温度低、设备简单、成本低、可连续生产等特点；化学镀具有镀层厚度均匀、针孔率低等优点，都是最有应用前景的方法之一。

本工作探讨了在炭纤维表面，电镀和化学镀涂敷金属镍的方法（具体方法见 2.3），对镀后试样的镀层形貌，晶体结构等进行了初步的研究，为后续的炭纤维表面原位气相生长 CNT/CNF 或 SiCNF 的工艺提供指导。

3.3.1 电镀和化学镀镍微观形貌

电镀镍后的炭纤维表面微观形貌如图 3-1。图 3-1（a）为电镀 5 min 后试样的 SEM 形貌，电镀镍颗粒较少且分散，直径在几十到几百纳米之间；图 3-1（b）为电镀 10 min 后试样的 SEM 形貌，电镀镍颗粒较多而且较大，直径多在几百个纳米，且几乎布满整个炭纤维表面；图 3-1（a）和（b）中可以看到电镀镍颗粒表面有许多细小的微枝晶，电镀 5 min 后试样的高倍 SEM 形貌[见图 3-1（c）]，可以更清楚的看到，这些微晶使得电镀的镍颗粒形状像一个带刺的仙人球（后续生长纳米相的实验表明，这种细小的微枝晶将起到很好的催化作用）。图 3-1（d）为电镀 20 min 的试样，镍颗粒已经布满整个纤维表面，且呈无规则的突起，可能结构非常疏松，在 SEM 下很难聚焦。

从图 3-1 可以看出，可以通过改变电镀时间来控制炭纤维表面电镀镍颗粒的大小，形态和数量。电镀镍的过程为镍的阳离子在作为阴极的炭纤维表面获得电子，变为自由态金属镍原子，并被炭纤维吸附。一方面，因为镍原子之间的相互引力大于镍原子和碳原子之间的相互引力；另一方面，随着更多的镍原子吸附在纤维表面并在局部平铺，形成了纤维表面局部的凸起，改变了电子在纤维表面的分布，且金属镍和炭纤维的电阻不同，镍的电阻小，因此，在形成了镍原子平铺的部位电流密度大，镍离子优先在这些部位还原、吸附，进而形成镍的微细颗粒。随着镀镍时间的延长，颗粒逐渐长大。在逐渐长大的镍颗粒表面还可以形核并长大，使镍颗粒增粗。因为镍是面心立方的晶体结构，存在各向异性，因此长大时存在取向，形成仙人球状颗粒[见图 3-1（c）]。

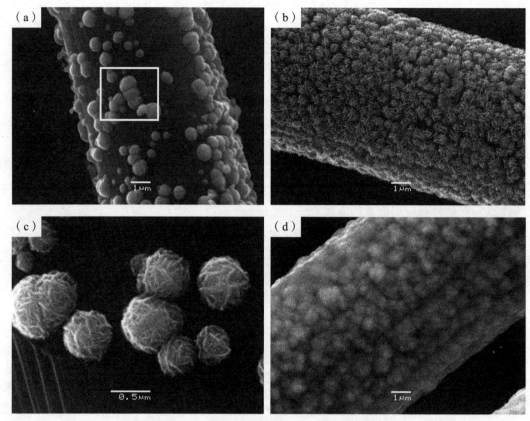

图 3-1　不同电镀镍时间炭纤维的微观形貌
（a）5 min；（b）10 min；（c）试样（a）的高倍形貌；（d）20 min

　　图 3-2 为化学镀镀镍后炭纤维的微观形貌。图 3-2（a）为化学镀 5 min 后试样的 SEM 形貌，镀层较少，呈片状聚集，部分纤维表面裸露。图 3-2（b）为化学镀 10 min 后试样的 SEM 形貌，镀层连续，已经基本覆盖整个炭纤维表面。随着化学镀时间的延长，表层厚度变大，并出现了较大直径的颗粒，镀层呈层状生长和扩展并越来越致密化，有堆积生长的趋势。到 20 min 时，如图 3-2（d），镀层已经在表面连续均匀分布，且表层有一些包状凸起。

　　炭纤维电镀和化学镀镍时，镍的生长方式不同，电镀镍主要是呈颗粒状生长，而化学镀镍初期呈片状生长，后期呈层状生长。电镀镍在纤维表面分布均匀，镍颗粒形状似仙人球，有明显的树枝微晶，在镀镍 10 min 时颗粒粗大，但树枝晶更加明显。化学镀镍刚开始时在纤维表面分布不均匀，镍片局部连续分布，片层很薄，但此后生长速度加快，到 10 min 已经布满整个纤维表面，结构致密，并有一定的厚度。颗粒状、形状规则的镍的催化效果更好，而且电镀的树枝微晶颗粒能够在高温时断裂，这是后续的 CCVD 原位生长 CNT/CNF 没有采用化学镀镍的原因之一。

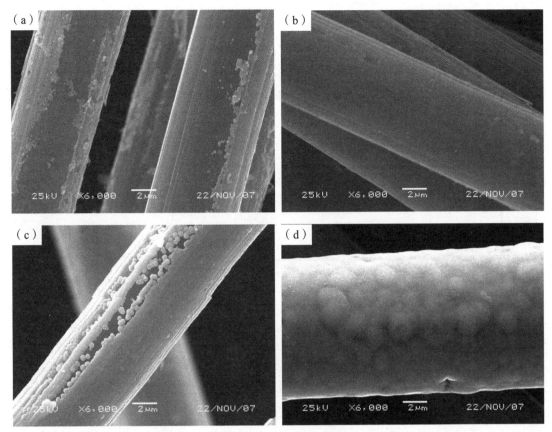

图 3-2　不同时间化学镀镍炭纤维的微观形貌

（a）5 min；（b）10 min；（c）15 min；（d）20 min

3.3.2　电镀和化学镀镍的化学成分分析

选取图 3-1（a）和图 3-2（a）中的矩形区域，利用 SEM 自带的能谱仪（EDS）对选区进行元素半定量分析，分析结果见表 3-1 和图 3-3。

表 3-1　电镀和化学镀镍后试样选区能谱分析结果

试样	Element/ wt%			Element/ at%		
	CK	NiK	PK	CK	NiK	PK
电镀镍	94.01	5.99	/	98.71	1.29	/
化学镀镍	80.97	15.97	3.06	94.79	3.83	1.39

表 3-1 中，电镀镍时只有 C 和 Ni 元素，而化学镀镍时还出现了 P 元素；图 3-3（a）中只能够看到 C 和 Ni 的能谱峰，而图 3-3（b）中除了 C 和 Ni 的能谱峰外，还出现了 P 的能谱峰。这说明，电镀和化学镀，在炭纤维表面得到的一个是单质 Ni，一个是 Ni-P 合金。

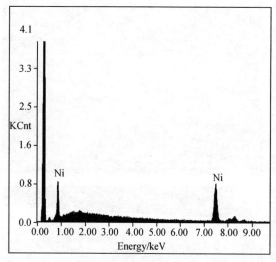

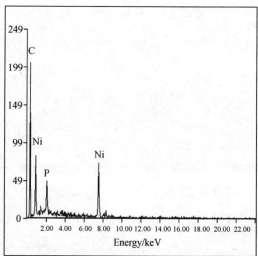

（a）电镀镍　　　　　　　　　　　　　　（b）化学镀镍

图 3-3　电镀和化学镀镍试样微区元素能谱分析谱线

　　图 3-4 分别是炭纤维电镀镍和化学镀镍后粉末 XRD 图，图 3-4（a）表明炭纤维电镀后，表面的颗粒是镍的单质，而图 3-4（b）表明炭纤维化学镀后，表面的颗粒是镍磷的合金 NiP_2，这和 EDS 能谱分析结果一致。因为单质的镍是面心立方晶体结构，具有很好的催化活性，而 NiP_2 的催化活性要比单质镍差。这也是后续的 CCVD 生长 CNT/CNF 没有采用化学镀镍的原因之二。

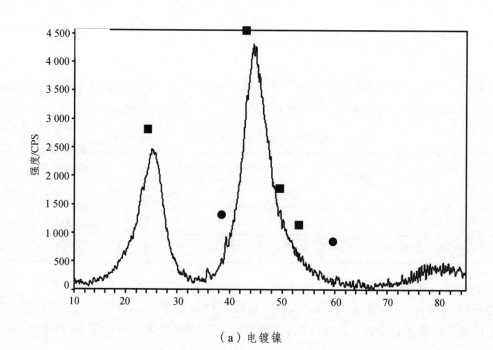

（a）电镀镍

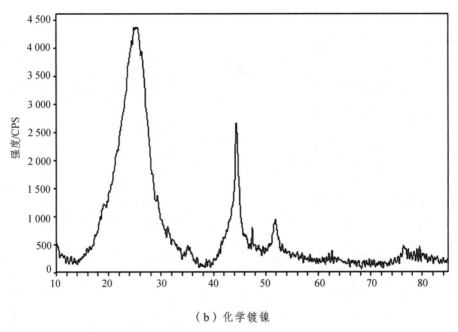

（b）化学镀镍

图 3-4　炭纤维电镀镍和化学镀镍后粉末 XRD 图

总之，从电镀和化学镀镍的 SEM、EDS 和 XRD 分析结果来看，作为制备 CNT/CNF 的催化剂，用颗粒特征更加明显，晶体结构更加完整的电镀镍是更合适一些的，后续实验发现，电镀的仙人球状镍颗粒，可以在实验过程中多次断裂，形成更加细小的镍微晶颗粒，是很好的催化剂形态，故后续实验主要采用电镀镍作为催化剂。

3.4　CCVD 生长炭纳米的表征

3.4.1　SEM 形貌

图 3-5 为 CCVD 生长的纳米炭的 SEM 形貌。图 3-5（a）为颗粒状纳米炭，图中的纳米炭多为半球状颗粒，均匀分布在炭纤维表面，直径在几十到数百纳米之间；图 3-5（b）为颗粒状纳米炭的 BES 形貌，其中可见镍催化剂的高亮度颗粒；图 3-5（c）为木耳状炭纳米片和炭纳米颗粒，其中的木耳状炭纳米片沿着镍催化剂的特定平面方向生长，其一维尺寸较大；图 3-5（d）为木耳状炭纳米片的 BES 形貌，其中一些较大的镍颗粒催化生长成木耳状炭纳米片，较小的镍颗粒则催化生长成炭纳米颗粒；图 3-5（e）、（f）为一维 CNT/CNF 的 SEM 形貌，其直径比较均匀，有的局部弯曲，有的比较平直，和文献[4]报道的螺旋形 CNT/CNF 形貌不同。

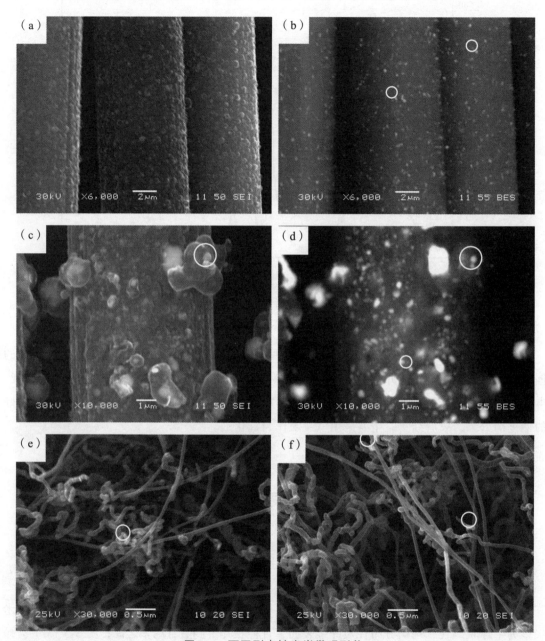

图 3-5　不同形态纳米炭微观形貌

（a）、（b）颗粒状炭 SEI 和 BES；（c）、（d）木耳状炭 SEI 和 BES；（e）、（f）纤维状炭 SEI

3.4.2　TEM 形貌

图 3-6、3-7 和 3-8 为上述三种纳米炭的 TEM 形貌及衍射图案。可以看到椭圆形炭纳米

球[见图 3-6（a）]、棒状纳米颗粒[见图 3-6（b）]、圆球状炭纳米球[见图 3-6（c）]及它们的典型的透射衍射斑[见图 3-6（d）]。从衍射斑来看，形状较规则的镍催化剂颗粒，CCVD 生长的炭纳米颗粒为石墨单晶和多晶的混合体，单晶衍射斑明亮，而多晶衍射环较淡，说明单晶石墨的相对量占多数。

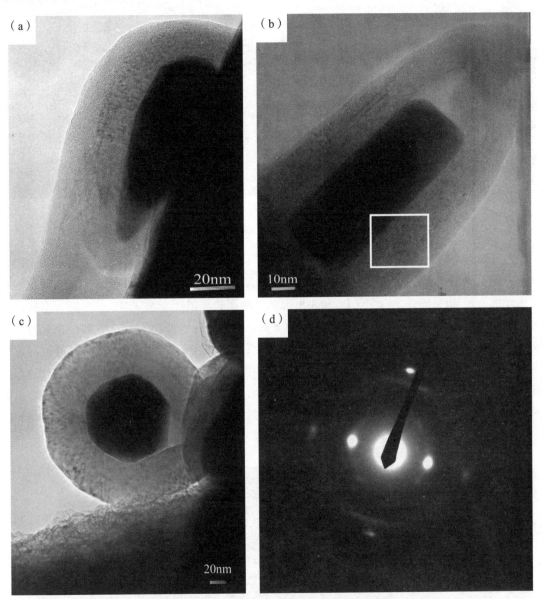

图 3-6　炭纳米颗粒 TEM 形貌及其衍射图案

（a）椭圆形纳米炭形貌；（b）棒状纳米炭形貌；（c）球形纳米炭形貌；（d）典型的颗粒衍射斑

图 3-7 为木耳状炭纳米片的 TEM 形貌[见图 3-7（a）]及其衍射斑[见图 3-7（b）]。中间深色的为粗大的镍颗粒，形状不规则，因此催化生长时不能形成确定的析出面，即在多个晶面同时析出 PyC，形成的炭颗粒为多晶石墨，其衍射斑为典型的多晶石墨的环状衍射斑。

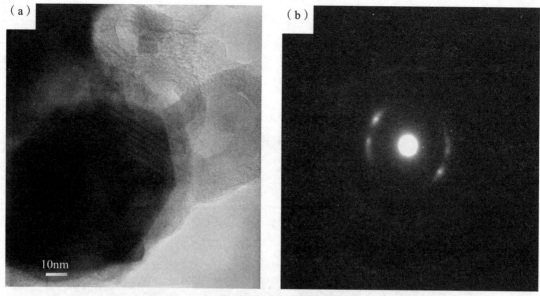

图 3-7　木耳状纳米炭 TEM 形貌及其衍射图案

（a）TEM；（b）衍射斑图案

　　图 3-8 为 CNT/CNF 的 TEM 形貌[见图 3-8（a）、（b）和（c）]及其单晶衍射斑[见图 3-8（d）]。前述几种球状、棒状或片状纳米炭均包裹着纳米镍颗粒，而纤维状纳米炭的催化剂颗粒在纤维的顶端[见图 3-5（e）、（f）和 3-8（a）中画圈的部位]，这些 CNF 也可能为多壁的炭纳米管（CNT）[见图 3-8（b）]。在图 3-8（c）中，可以看到 CCVD 生长 CNT/CNF 时，形成的高取向度的石墨，石墨层片均匀分布，单层石墨平面连续，几乎没有缺陷。通过对片层间距的比对计算，发现其表层的层片间距稍大于内部，其数值在 0.34～0.35 nm，这和理想的石墨单晶片层间距非常接近，说明镍催化剂 CCVD 生长 CNT/CNF 时，可以控制到 PyC 沿着固定的晶面析出，片层的面网和生长方向平行，得到高取向度的 CNT/CNF。

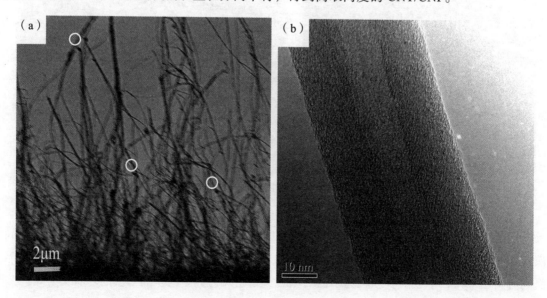

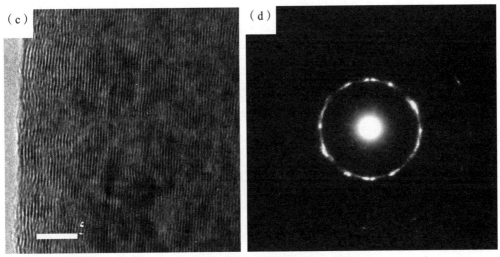

图 3-8　CNT/CNF 的 TEM 形貌及其衍射图案

（a）、（b）和（c）CNT/CNF 形貌；（d）衍射斑

3.4.3　拉曼光谱分析

将去胶炭纤维和 CCVD 生长 CNT/CNF 的炭纤维试样，在拉曼光谱下观察谱线的变化，如图 3-9 所示，图中，拉曼光谱表征炭纤维和 CCVD 生长 CNT/CNF 的炭纤维两个峰的位置稍有不同，表征高序石墨的 Raman 活性模的 G 峰（Grahite band）分别位于 1 573 cm^{-1} 和 1 558 cm^{-1} 处，表征微晶缺陷或无定形碳诱生的类石墨基频模 D 模（Disorde Band）分别位于 1 355 cm^{-1} 和 1 336 cm^{-1} 处，后者两峰的位置都分别向低波数一边漂移；两个峰的形状相差很大，炭纤维的多晶石墨和无定型炭使得两个峰都很平缓，且强度相差不大，而后者因为生长的 CNT/CNF 的石墨微晶具有很高的取向度，且结晶化程度很高，因此 D 峰和 G 峰都很尖锐，G 峰强度明显高于 D 峰。

CNT/CNF 的 D 峰的谱峰强度 ID 与 G 峰谱峰的强度 IG 的比值 ID/IG 能够反映出 CNT/CNF 外壁无序碳的多少。去胶炭纤维的 ID/IG 值为 0.91，对生长了 CNT/CNF 的炭纤维而言，这一比值为 0.83，说明生长了 CNT/CNF 后，纤维表层无序碳和非晶碳更少，表层石墨化度更高。同时，根据表层石墨微晶的尺寸 La 和 ID/IG 的关系公式 $La = \dfrac{4.4}{(ID/IG)}$ 计算出，CCVD 生长 CNT/CNF 后，La 值从 4.48 nm 增加到 5.31 nm，表明生长了 CNT/CNF 后，纤维表面石墨微晶的尺寸 La 更大。因为 CCVD 生长的 CNT/CNF 几乎都是单晶石墨，而且直径在数十纳米，远远大于原始炭纤维表面石墨晶体尺寸 4.48 nm，从而使 CNT/CNF 改性的炭纤维的表面石墨化度和微晶尺寸都增大。对生长了其他形态纳米炭的炭纤维进行拉曼光谱检测，也得到了相似的结论。

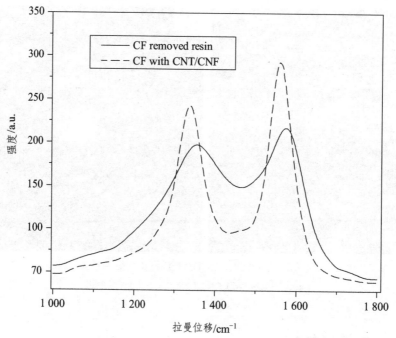

图 3-9 去胶炭纤维和 CNT/CNF 改性炭纤维的拉曼谱线图

3.5 镍催化剂对纳米炭形态的影响

图 3-5 中的 BES 照片中的高亮度颗粒，图 3-6、图 3-7 中的黑色部分及在图 3-8 中 CNF 的顶端黑色颗粒均为镍催化剂。这些镍催化剂颗粒的形状、大小各不相同，而生长的纳米炭的形态各异，说明镍催化剂颗粒的状态对纳米炭的生长情况有很大的影响。

3.5.1 镍催化剂加载量的影响

3.3 节已经探讨了不同的电镀镍时间下，可以在炭纤维表面得到不同加载量的镍，时间越长，镍催化剂的加载量越大（见图 3-1）。为了研究不同加载量的镍催化剂对纳米炭形态的影响，分别制备了不同的电镀镍时间的炭纤维，将其在相同的沉积工艺条件（工艺条件 1）下 CCVD，得到的样品在 SEM 下观察形貌，如图 3-10 所示。

图 3-10 中可以看出，短时间（5 min）电镀、少量的加载镍，就可以 CCVD 生长一维的 CNT/CNF，且随着镍加载量的增加，CCVD 原位生长的 CNT/CNF 的量有增加的趋势，但在继续延长电镀时间到 10 min 时，CCVD 原位生长的 CNT/CNF 的量有减少的趋势，到电镀 20 min 时，没有能够得到 CNT/CNF。因为在相同的沉积气氛下，适当的增加电镀时间，有助于生成更多的活性镍催化剂颗粒，有利于 CCVD 原位生长的 CNT/CNF 的量的增加，但如果

电镀时间过长，可能造成镍颗粒过多，导致气氛中的碳原子数量不足，反而会减少 CCVD 原位生长 CNT/CNF 的量或根本不能得到 CNT/CNF，而是片状的炭纳米片和很多的炭纳米颗粒 [见图 3-10（d）]。可见，如果加载的镍催化剂的量增加，也需要调整沉积气氛来适应。在本实验的工艺条件 1 下，电镀 5 min 左右加载的镍催化剂的量是合适的。

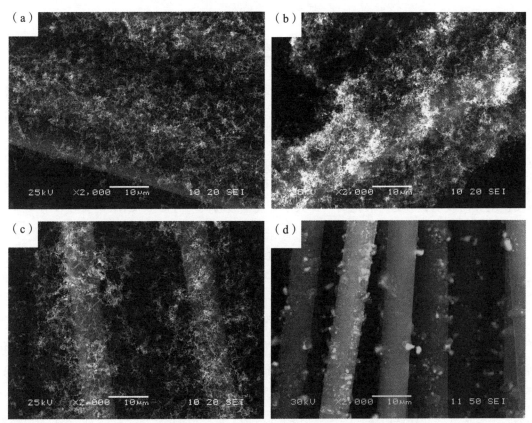

图 3-10   不同电镀 Ni 时间下 CCVD 生长纳米炭的微观形貌
（a）5 min；（b）7.5 min；（c）10 min；（d）20 min

3.5.2   镍颗粒形状的影响

图 3-6、图 3-7 中的镍颗粒形状各不相同，仔细观察可以发现，具有规则的球状和圆柱状的镍颗粒具备更大的催化活性，这些颗粒可以促使 PyC 沿着特定的晶面沉积，从而纳米炭的生长方向得到的确定，图 3-6（b）和（c）中的形状规则的镍催化剂颗粒已经脱离了炭纤维基体，且开始定向生长，由此而得到的以单晶石墨为主的纳米炭；而图 3-6（a）中的镍催化剂颗粒仍紧紧依附在炭纤维表面，因为该颗粒的形状原因，在 CCVD 生长时没有确定的生长方向，最终不但没有能够生长出 CNT/CNF，而且催化剂颗粒根本没有脱离炭纤维表面，最终只能生长成了类似图 3-6（a）中的椭圆形纳米颗粒。图 3-7（a）中较大的形状更不规则的镍颗

粒，CCVD 促使 PyC 在此颗粒的多个晶面同时析出，定向生长的能力更差，因而 CCVD 生长后，只能得到多晶石墨为主的木耳状炭纳米片。

由此可以推断，形状规则的镍催化剂颗粒，如球形、圆柱形和方形催化剂颗粒有利于 PyC 在特定的晶面析出，使纳米炭沿着特定的方向生长，更易于得到一维的 CNT/CNF。

3.5.3　镍颗粒大小的影响

不同的电镀镍时间下，可以在炭纤维表面得到的镍颗粒直径有差别，时间越长，镍催化剂颗粒越大（见图 3-1）。为了研究不同直径的镍催化剂颗粒对纳米炭形态的影响，分别制备了不同的电镀镍时间的炭纤维，将其在相同的沉积工艺条件（工艺条件 1）下 CCVD，得到的样品在 SEM 下观察形貌，见图 3-11。从图中可以看出，不同的电镀时间下，气相生长的 CNT/CNF 的直径都是几十个纳米，并没有随着电镀时间的延长，镍催化剂直径的增加而发生明显的改变，可见，催化剂颗粒大小（或电镀时间）对 CNT/CNF 的直径没有明显的影响。

根据 CNT/CNF 的生长理论，镍催化剂颗粒一般在 CNT/CNF 的顶端，并且 CNT/CNF 的直径和镍催化剂颗粒的直径有关。这和上述的实验现象显然不相符合。仔细观察图 3-11 中的 CNT/CNF，可以看到，在生成的 CNT/CNF 的前端以及弯曲处可以看到一些发亮的颗粒，这些颗粒就是镍催化剂，比较这些颗粒和由它们催化生长的 CNT/CNF 的直径，不难发现，二者相差不大，说明镍催化剂颗粒直径对所生长的 CNT/CNF 的直径具有遗传性。将这些催化剂颗粒（或 CNT/CNF）的直径和图 3-1 中的电镀镍颗粒的直径做比较，会发现很奇特的现象：生长 CNT/CNF 的镍颗粒直径都远远小于电镀后镍颗粒的直径，可见，在 CCVD 生长 CNT/CNF 之前，也即在升温和保温阶段，没有通入 C_3H_6 之前，粗大的仙人球状的镍颗粒发生了树枝晶断裂（甚至多次断裂），形成了细小的镍颗粒。正是这些因断裂而形成的形状较规则，直径细小，并有可能是单晶的镍颗粒，在 CCVD 时，具有较大的催化活性，具有较固定的析出晶面，才得以生长出图 3-5（e）和（f）、图 3-8 和图 3-11 中的 CNT/CNF。

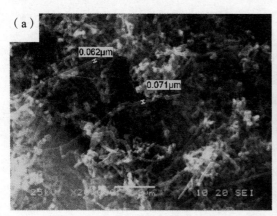

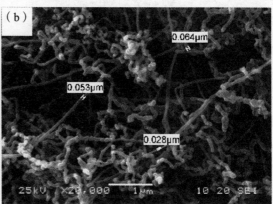

图 3-11 不同电镀 Ni 时间试样在 CCVD 工艺条件 1 生长的 CNT/CNF 的直径

（a）2.5 min；（b）5 min；（c）7.5 min；（d）10 min

但是，如果电镀时间过长，也可能使炭纤维表面电镀的镍颗粒表面比较致密，不利于高温断裂成细小的镍颗粒，而难以生长出 CNT/CNF。另外，粗大的镍颗粒作为催化剂时，因渗透压、表面张力和 PyC 扩散而产生的促使镍颗粒向生长方向的推力也要更大，如果不足以产生这个推力，或因为沉积碳源气氛不足，就不会生长出 CNT/CNF，而只能长出图 3-5（a）、图 3-6（a）、（b）、（c）和 3-10（d）所示的颗粒状纳米炭或图 3-5（b）、3-7（a）和 3-10（d）的片状纳米炭。可见，较短时间电镀得到的较细小的镍颗粒，对于 CCVD 生长一维的 CNT/CNF 是有利的。

3.5.4 镍催化剂晶型的影响

金属镍为面心立方的晶体结构，毫无疑问，颗粒越细小，晶体缺陷越少，越有可能是单晶。根据前述讨论，在电镀的情况下，炭纤维表面的镍颗粒是仙人球状、面心立方的多晶体，在 CCVD 条件下能够断裂成细小的镍单晶，为了进一步证实这一点，取电镀 5 min 的炭纤维试样，直接在 TEM 下观察表面镍催化剂颗粒形貌，并进行衍射分析，结果如图 3-12 所示。

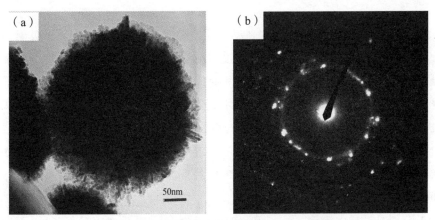

图 3-12 电镀镍的 TEM 形貌及其衍射图案

（a）TEM 形貌；（b）衍射斑

图 3-12 中,电镀镍颗粒直径约几百纳米,边缘部分有很多松散的颗粒状微晶,衍射分析表明,这些松散的颗粒是很多单晶镍形成的多晶颗粒,根据前述的讨论,这些颗粒可以在 CCVD 前发生晶界断裂,形成较多的单晶镍颗粒,因为单晶镍颗粒具备较强的催化活性,在合适的实验条件下,这类镍颗粒能够生长出 CNT/CNF;而在化学镀时得到的是镍磷合金,催化活性降低,对比实验表明,在相同的实验条件下,化学镀镍磷合金后没有或很少生长出 CNT/CNF。

同为电镀镍的情况下,镍颗粒越细小,越有可能是单晶体,PyC 越有沿着特定的晶面沉析的可能,所以催化活性越大,越容易生长出类似图 3-8(b)和(c)的高取向度的 CNT/CNF。如果镍颗粒较粗大时,基本上是多晶体,多晶体的每个单晶的取向不同,导致最终生长的纳米炭没有固定的优先生长方向,而呈现出图 3-6 或图 3-7 所示的不规则颗粒或片状纳米炭。另外,从图 3-6 和 3-7 中炭纳米颗粒的衍射斑来看,这些纳米炭是由多晶石墨构成的,这反过来可以证明粗大镍颗粒对 CCVD 生长 CNT/CNF 是不利的。可见,细小的单晶镍颗粒,易于 CCVD 生长得到一维的 CNT/CNF。

3.6 CCVD 工艺对自生 CNT/CNF 结构的影响

根据催化生长 CNT/CNF 的机理,CNT/CNF 的生长受沉积气氛、沉积温度等诸多因素的影响。只有在合适的沉积温度下,镍催化剂才能够保持良好的催化特性。只有在合适的沉积条件下,才能够促使 PyC 定向析出成为 CNT/CNF。本实验通过改变沉积时间、温度和气氛,探讨 CCVD 工艺对自生 CNT/CNF 结构的影响。

3.6.1 沉积时间的影响

在 CCVD 初期,炭源气体 C_3H_6,在高温下发生裂解,裂解出来的碳原子吸附在镍催化剂颗粒的表面,并向其内部扩散、渗透,在浓度差或温度差的作用下,向浓度低或温度低的方向扩散,最后在镍颗粒的表面析出。如果沉积时间过短,渗透到镍颗粒中的碳原子还来不及从另一侧析出,就生长不出来 CNT/CNF;只有延长沉积时间,碳原子才能不断的从镍颗粒的特定晶面析出,使得 CNT/CNF 不断地生长,这些生长出来的 CNT/CNF 推动着 Ni 颗粒移动。在 CNT/CNF 不断生长的同时,也在催化生长的 CNT/CNF 表面气相沉积(NCVD)热解炭,使得纳米纤维的直径不断增大,因此 CNT/CNF 的直径除了和镍催化剂颗粒大小有关外,也和沉积时间有关。

图 3-13 分别是试样电镀镍 5 min 和 10 min 时在工艺条件 2(沉积 6 h)下生长出来的 CNT/CNF 的 SEM 形貌。图中可见,在此条件下生长出来的 CNT/CNF 的平均直径都是 100 nm

左右，明显大于相同镀镍时间下，工艺条件 1（沉积 4 h）生长出来的 CNT/CNF 的直径[见图 3-11（b）、（d）]。

因此可以认为，在其他条件相同的情况下，沉积时间对 CNT/CNF 的直径的影响分为两个阶段：

（1）沉积初期，CCVD 生长 CNT/CNF 和 PyC 在 CNT/CNF 上沉积（NCVD）同时进行，而前者的速度快得多，所以前期生长的 CNT/CNF 的直径主要由催化剂颗粒大小决定。

（2）沉积后期，镍催化剂失去活性，CCVD 生长 CNT/CNF 的速度很慢或已经停止，这时主要是 NCVD 为主，所以，在前期生长的 CNT/CNF 上继续沉积 PyC，因而纤维的直径逐渐增加。

将图 3-6（b）中矩形区域放大，得到图 3-14，图 3-14 可以清楚地说明这两个阶段。其中石墨层片纹理和镍催化剂颗粒圆柱面平行的是 CCVD 生长的 PyC，是沉积初期，碳原子在镍催化剂颗粒的固定表面析出，定向生长 PyC（CCVD PyC），它的厚度和镍颗粒的直径有关。在沉积后期，镍催化剂失去活性后，在前期生长的纳米炭表面继续沉积 PyC（NCVD PyC），因为纳米炭的比表面能很大，所以沉积速度也较快，只是沉积后期 PyC 的取向不明显，纹理较乱，但足以对纳米炭（或 CNT/CNF）的直径产生影响。

图 3-13 不同电镀 Ni 时间试样在 CCVD 工艺条件 2 生长的 CNT/CNF 直径
（a）5 min;（b）10 min

综合上述分析可以得到如下启示：

（1）相比较而言，镍催化剂颗粒的量远远小于炭纤维的量，而 PyC 在镍催化剂颗粒表面的沉积速度却远远大于在炭纤维表面的沉积速度（否则也不可能生长出 CNT/CNF）。可见，虽然碳原子官能团被炭纤维表面和镍催化剂颗粒表面吸附的几率相同，但在炭纤维表面吸附的碳原子官能团没有最后沉积，而在镍催化剂颗粒表面吸附的碳原子官能团则通过溶解-固溶-沉析的方式，生长形成了 CNT/CNF 或其他炭纳米颗粒，因此，本工作称这种 PyC 的沉积方式为催化化学气相沉积（CCVD）。这说明镍催化剂颗粒具有远远大于炭纤维的比表面能，这一方面因为镍纳米颗粒大的比表面积，另一方面可能因为在高温时，镍纳米颗粒的外表面变成了液态。

（2）在炭纤维表面 CCVD 生长了 CNT/CNF 或炭纳米颗粒（统称为纳米相）后，因为纳米相的比表面积和比表面能远远大于炭纤维的比表面积和比表面能，使得 PyC 在纳米相表面的沉积速度远远大于在炭纤维表面的沉积速度，因此，本工作称这种 PyC 的沉积方式为纳米相催化化学气相沉积（NCVD）。

（3）无论是镍颗粒还是纳米相的催化作用，都可以加快 PyC 的沉积速度，这对于寻求快速沉积方法，提高 C/C 复合材料的致密化速度是有借鉴意义的。

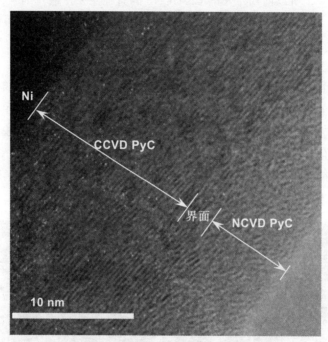

图 3-14   沉积过程中 CNT/CNF 直径变化

3.6.2   沉积温度的影响

为了研究沉积温度对 CCVD 生长纳米炭形态的影响，取电镀镍 5 min 的试样，分别在工艺条件 3（1 273 K）和工艺条件 4（1 073 K）[其他条件和图 3-10（a）试样沉积条件（1 173 K）相同]进行沉积试验。沉积后的试样进行 SEM 形貌观察，结果如图 3-15 所示。

和图 3-10（a）比较，可以看出温度对 CCVD 原位生长 CNT/CNF 至关重要。从图 3-15（a）中，炭纤维表面没有催化生长出 CNT/CNF，只有一些纳米炭颗粒。这是因为温度升高时，C_3H_6 的热解分裂速度会加快，分解出来的碳原子很快吸附在镍催化剂颗粒上，而吸附在其表面上的碳原子还来不及向 Ni 颗粒中渗透、析出，就被更多的新沉积的碳原子所包裹，使得镍催化剂失去催化活性，因而在炭纤维表面形成很多以 Ni 颗粒为中心的炭纳米颗粒。

图 3-15（b）中炭纤维周围包裹着很多絮状物质，并没有像图 6-10（a）那样形成大量的 CNT/CNF，也没有图 3-15（a）的颗粒状物质生成。这些絮状物质为化学气相沉积原位生长

的短炭纳米线的聚集体。在 1 073 K 较低的温度下，不利于 C_3H_6 的裂解和减弱了 Ni 的催化活性，裂解出来碳原子的相对量比较少，使镍催化剂颗粒上吸附的碳原子浓度差和温度差降低，没有产生足够的推动 Ni 颗粒移动更远的推力，所以 CCVD 生长的炭纳米线都很短。对比不同温度下的 CCVD 生长纳米炭实验结果，不难发现，1 173 K 是一个比较适宜的 CCVD 生长 CNT/CNF 的温度。

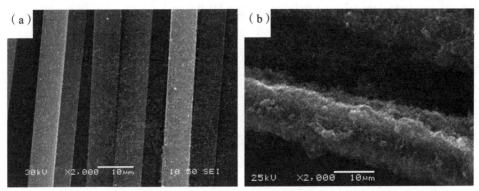

图 3-15　电镀镍 5 min 试样在不同温度下生长的纳米炭的微观形貌
（a）1273 K；（b）1073 K

3.6.3　沉积气氛的影响

实验中，在 1 173 K，沉积时间为 4 h 的沉积条件下，对炉内压力、碳气源和载气及稀释气体的流量比进行改变，结果发现，炉内压力过高或丙烯流量过大，都会得到类似于图 3-5（a）、（c）和 3-15（a）的颗粒炭，甚至有可能得到图 3-16（a）中的大片的 PyC。反之，则得到的是图 3-16（b）中的少量的炭纳米晶须。这是因为前者的沉积速度过快，CNT/CNF 来不及定向生长就被 PyC 包裹，后者的沉积速度过慢，不足以产生足够的使镍催化剂颗粒沿着生长方向移动的推力。

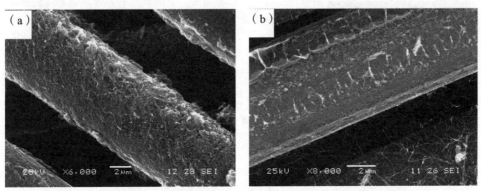

图 3-16　不同工艺条件下 CCVD 产物的 SEM 形貌
（a）工艺条件 4；（b）工艺条件 5

由此说明沉积气氛对纳米炭形貌的影响较大，因此，合适的炉内气氛和压力，有助于镍催化剂形成更多催化活性点，并保证碳原子在催化剂的固定表面析出，并提供足够的推动力，从而 CCVD 生长出均匀分布、长度较大的 CNT/CNF。

3.7 CCVD 生长 CNT/CNF 的机制

通过上述的分析，推理出本实验条件下电镀镍催化剂 CCVD 生长 CNT/CNF 的机制见表 3-2。

表 3-2 CCVD 生长 CNT/CNF 机制

步骤	示 意 图	说 明
（1）		电镀在炭纤维表面得到仙人球状镍催化剂颗粒，如图 3-1（c）和图 3-12（a）所示
（2）		仙人球状镍催化剂颗粒在高温下，表面原子运动加剧，部分可能成为液态，在热运动和表面张力的作用下枝晶发生多次断裂形成细小纳米镍颗粒
（3）		纳米镍颗粒逐渐达到热力学稳定状态后，形成规则形状的颗粒，表面的镍原子仍处于液态。多晶镍颗粒通过镍原子的扩散，部分亚晶界和晶界消失，多晶镍颗粒融合形成单晶镍颗粒，使其具备更强的催化活性
（4）	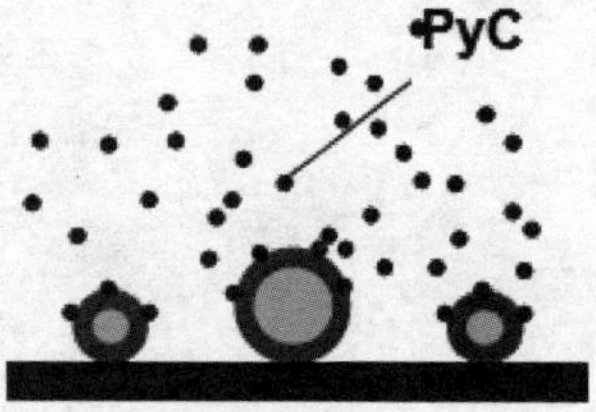	碳源气体 C_3H_6，在高温下热分解出的碳原子官能团，优先吸附在表面为液态的、表面能更高的镍催化剂颗粒表面，并向镍颗粒中渗透

步骤	示　意　图	说　明
（5）		碳原子溶解在镍催化剂颗粒中形成固溶体，逐渐达到过饱和状态，此时，在催化剂两端碳的浓度差（或温度差）作用下，向浓度低（或温度低）的方向（即炭纤维表面）扩散，最后在镍颗粒的特定晶面沉析出具有石墨结构的碳层。通过碳原子的移动，在镍颗粒的表面形成碳的六角网平面层，并沿垂直于炭纤维表面的方向发展
（6）		在渗透压、表面张力和扩散力的作用下，催化剂粒子克服和炭纤维的结合力被托起，同时向垂直于炭纤维表面的方向生长。即 PyC 溶解形成碳固溶体，达到过饱和后，向浓度（或温度）低的方向沉析，反复继续下去，CNT/CNF 沿着其长度方向生长
（7）		沉积后期，镍催化剂的催化活性降低，CCVD 生长 CNT/CNF 的速度很慢，最后 PyC 完全包裹了镍颗粒，CCVD 生长 CNT/CNF 已经停止，此时继续在 CNT/CNF 表面 NCVD PyC，其直径逐渐增粗

　　上述生长机制可以解释本实验中的如下问题：

　　（1）在不同的电镀镍时间下，炭纤维表面的镍颗粒大小不同，而实际的 CCVD 生长的 CNT/CNF 的直径相差不大，这是因为在 CCVD 前，仙人球状的镍催化剂颗粒已经断裂为细小的颗粒，CNT/CNF 是这些细小的镍颗粒作为催化剂生长得到的。

　　（2）因为仙人球状的镍催化剂颗粒发生断裂的部位多为树枝晶的薄弱处，而这些地方正是多晶的镍颗粒的晶界附近，断裂后的镍微晶颗粒还可以在高温下发生晶界融合，得到更细小的单晶镍颗粒，在 CCVD 生长 CNT/CNF 时，PyC 能够沿着此单晶的特定晶面析出，因此能够得到平直的 CNT/CNF。

　　（3）在高温时，镍催化剂颗粒表面呈液态，热解炭优先在其表面沉积，而在炭纤维表面沉积很少。热分解的碳原子官能团，在炉内热运动时，和固态炭纤维或 CNT/CNF 表面发生碰撞而被吸附的概率远小于和表面为液态的镍催化剂颗粒，因此，在 CCVD 初期，CNT/CNF 的直径由镍催化剂颗粒大小决定，此时因为 NCVD 而在 CNT/CNF 表面沉积使其直径增加可以忽略。

（4）粗大的镍颗粒（如 20 min 的电镀镍）作为催化剂时，一方面因为是多晶，无特定的生长方向，另一方面，需要更大的沿 CNT/CNF 生长方向的推力，如果渗透压、表面张力和扩散力的合力不足以克服它，就不能够生长出 CNT/CNF，而只可能是炭纳米颗粒或炭纳米片。

（5）细小的催化剂颗粒只需要更小的推力和溶解更少的碳就可以生长，因此 CCVD 生长 CNT/CNF 的生长速度更快，在 SEM 形貌中可以看到，相同沉积工艺下，小直径的 CNT/CNF 比大直径的 CNT/CNF 长。

（6）CNT/CNF 是在特定的沉积工艺条件下，才可以得到的。如果沉积温度太低（或太高）、沉积时间太短或沉积炉内气氛不合适时，会改变碳原子溶解、固溶和沉析三者的相对速率，都使得 CCVD 生长 CNT/CNF 不能很好进行。

（7）单晶的镍颗粒 CCVD 生长 CNT/CNF 时，PyC 沿着固定的晶面析出，使 CNT/CNF 沿特定的方向生长，石墨层片和生长方向平行，图 3-8（c）可以测得石墨层片间距为 0.34 ~ 0.35 nm 之间，这和理论值基本吻合。

（8）在 PyC 完全包裹了镍催化剂颗粒后，CCVD 生长 CNT/CNF 停止，此时，大的比表面积有利于 PyC 在 CNT/CNF 表面沉积，沉积的碳可以自组装成面网，并且保持 CCVD 生长的 CNT/CNF 相同的取向，使得 CNT/CNF 增粗，因此在部分 SEM 照片中，CNT/CNF 的直径和镍颗粒直径没有关系。

3.8 本章小结

采用不同方法在炭纤维表面涂敷镍催化剂后，于不同的工艺条件下，CCVD 生长纳米炭。通过对镍催化剂颗粒、CCVD 生长纳米炭形貌、结构的观察和分析，得出结论为：

（1）采用短时间电镀的方法，可以在炭纤维表面得到仙人球状的镍催化剂颗粒，其晶体特征明显，适合于作为 CCVD 原位生长 CNT/CNF 的催化剂。可以通过控制电镀时间，来控制炭纤维表面的电镀镍颗粒的大小、数量、形态和分布。

（2）电镀镍颗粒的大小、形状和晶型，化学气相沉积温度、时间和气氛等诸多因素都对炭纤维表面 CCVD 原位生长纳米炭的形态产生影响，这些纳米炭的形态可能是球状或棒状炭颗粒、可能是木耳状炭片，也可能是 CNT/CNF。

（3）控制好电镀镍的时间、化学气相沉积温度、沉积时间、炉内压力和气氛，促使仙人球状的镍颗粒高温断裂成细小、晶体特性好的单晶颗粒，并在合适的沉积温度、时间和气氛下，发挥其催化特性，是 CCVD 生长 CNT/CNF 的关键。本实验的最佳工艺为：电镀时间 5 min，温度 1 173 K，沉积时间 4 h，C_3H_6、H_2 和 N_2 的流量分别为 30、200 和 400 mL/min，沉积压力 700 ~ 1 000 Pa。

（4）在对上述诸多因素的综合分析基础上，提出了电镀镍 CCVD 生长 CNT/CNF 的机理，本模型的特点是镍颗粒高温断裂和 PyC 在镍颗粒上优先吸附并定向析出，并以此模型解释了部分实验现象。

4 自生 SiCNF 改性炭纤维及其影响因素

4.1 引 言

碳化硅纳米纤维（SiCNF）或碳化硅纳米晶须（SiCW）具有优越的力学、热学及电学性能和高的物理化学稳定性等特性，是很好的复合材料的增强增韧相。如果能够在炭纤维表面原位生成 SiCNF，以此作为传统 C/C 复合材料的增强体，应该会对其诸多性能产生较大影响。过渡族元素是制备炭纳米管（CNT）和炭纳米纤维（CNF）时常用的催化剂，上一章以电镀镍为催化剂，在不同的催化化学气相沉积（CCVD）条件下，可以制备出不同形态的 CNT/CNF。利用以上制备 CNT/CNF 类似的技术，也可以制备出 SiCNF/SiCW。

和炭纤维炭表面 CCVD 生长 CNT/CNF 方法类似，本章采用炭纤维表面电镀镍的方法，使镍催化剂颗粒均匀分布在炭纤维表面，再在炭纤维表面 CCVD 原位生长 SiCNF 对炭纤维进行改性处理，对 CCVD 生长 SiCNF 的结构和特性进行了表征，并初步探讨催化剂大小、形态和分布以及沉积工艺对 SiCNF 生长情况的影响，为制备 SiCNF 增强增韧 C/C 复合材料寻求工艺指导。

4.2 实验过程

实验采用 T700-12K 纤维，将其进行去胶预处理后，采用和 CCVD 生长 CNT/CNF 相同的电镀工艺，电镀镍后，在图 2-3 所示化学气相沉积炉中沉积碳化硅，通过改变电镀时间、沉积气氛、沉积温度和沉积时间，来确定影响 CCVD 生长 SiCNF 的因素，对 CCVD 生长的 SiCNF，进行 SEM、TEM、拉曼光谱和粉末 XRD 分析。

4.3 CCVD 生长 SiCNF 的表征

4.3.1 SEM 形貌

图 4-1 为工艺条件 1 下，CCVD 原位生长 SiCNF 的 SEM 形貌。图 4-1（a）为电镀镍 5 min

后，CCVD 生长 SiCNF 的形貌，其中，SiCNF 直径较均匀，多在数十纳米以内，平均长度可达十几微米，分布均匀。图 4-1（b）为电镀镍 10 min 后，CCVD 生长 SiCNF 的形貌，图中的 SiCNF 比图 4-1（a）的粗短，且分布不是很均匀，SiCNF 的顶部有较粗的颗粒。

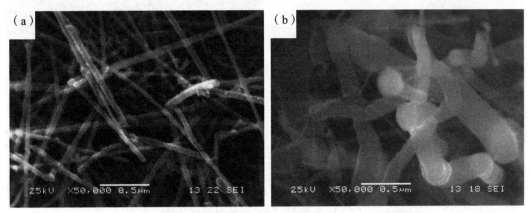

图 4-1　不同电镀镍时间下 CCVD 生长 SiCNF 的微观形貌

（a）5 min；（b）10 min

4.3.2　TEM 形貌

选取图 4-1（a）的试样，在酒精中超声波震动分散，取悬浊液数滴于导电碳膜上，观察其 TEM 形貌和选区的衍射斑。结果见图 4-2。图 4-2（a）中的气相生长纳米纤维大多较直，直径在数十个纳米，催化剂颗粒多在纳米纤维的前端；图 4-2（b）为 SiCNF 的高倍 TEM 形貌，可以清晰地看到垂直纤维轴向的层状条纹；图 4-2（c）中可在箭头所指处看到镍催化剂颗粒。图 4-2（d）是 SiCNF 的单晶衍射斑。

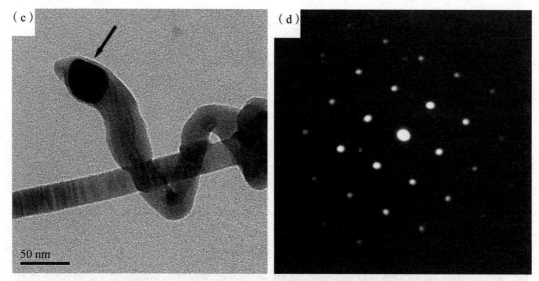

图 4-2　CCVD 生长 SICNFs 的微观形貌及其衍射斑
（a）TEM 形貌；（b）高倍 TEM 形貌；（c）带催化剂颗粒的单根 SiCNF；（d）衍射斑

因为硅、碳原子在镍催化剂颗粒的（111）面结合能力最强，在其他晶面（311）、（100）和（110）等的结合能力相差不大，在 CVD 过程中，硅、碳原子先在不同的晶面上吸附，并向镍晶体表面或内部扩散，达到饱和后在结合能力较弱的表面析出，因此硅、碳原子在（111）面最难析出，其他面析出的机会均等，故纳米纤维沿[111]方向生长。

图 4-3 为采用 CCVD 法制备的 SiCNF 的 TEM 形貌。从图 4-3（a）中可以知，原位生长的 SiCNF 有两种形貌，一种是鳞片螺旋状，另一种为层片堆积状。鳞片螺旋状 SiCNF 的直径一般为 50～150 nm，而层片堆积状 SiCNF 的直径为 20～100 nm。

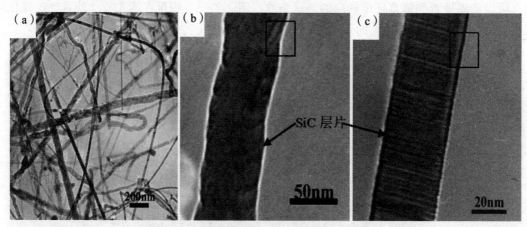

图 4-3　两种纳米碳化硅纤维的 TEM 形貌
（a）两种 SicNFs；（b）螺旋 SiCNFs；（c）直 SiCNFs

为了进一步研究两种 SiCNF 中 Si 和 C 原子层面的排列方式，将图 4-4 中方形区域分别放大，如图 4-4 所示。从图 4-4（a）中可以看出，鳞片螺旋状 SiCNF 中，鳞片上的碳原子和硅原子层面排列规则，并围绕着纤维轴向螺旋排列，在纤维边缘有明显的位错和扭转，通过电子衍射花样[见图 4-4（c）]可知鳞片状 SiCNF 的晶体结构为 3C-SiC，晶轴为[011]，同时还可以看到在电子衍射花样中存在微弱的衍射斑点，进一步证明了存在不同方向的晶格。层片堆积状 SiCNF 中，碳原子和硅原子层面垂直纳米纤维轴向堆积，其面间距为 0.25 nm，并在纤维边缘为明显的锯齿状，为准周期性孪晶结构。孪晶沿纳米纤维的轴向呈一定周期性排布，每个孪晶面由 3～10 个原子层组成，相邻孪晶面之间形成 141°的晶面角。通过电子衍射花样[见图 4-4（d）]可知 SiCNF 的生长方向为β-SiC 的<111>方向。同时从图 4-4（d）中还可以看到其电子衍射花样中存在大量垂直于{111}堆层错面的衍射条纹，进一步说明了微孪晶和层错的存在。

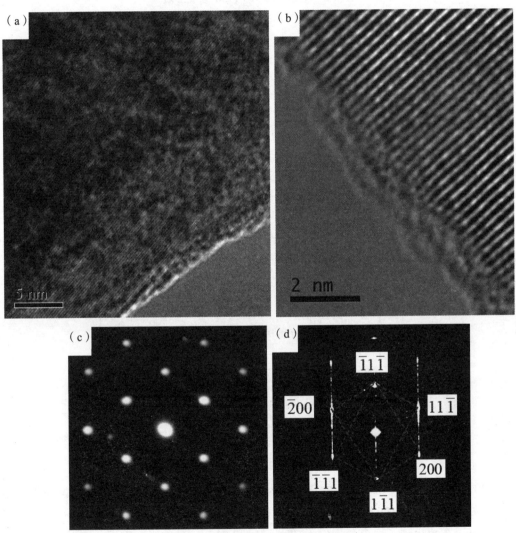

图 4-4　两种 SiCNF 的 TEM 形貌

（a）、（c）螺旋 SiCNFs；（b）、（d）直 SiCNFs

在 TEM 形貌中，还发现了图 4-5 中的类似炭纳米管状生成物，此前未见有类似报道。

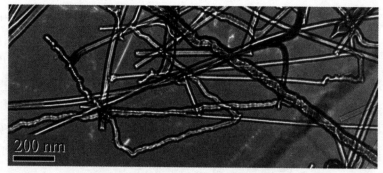

图 4-5　管状 SiCNFs TEM 微观形貌

4.3.3　拉曼光谱分析

　　室温下，对炭纤维上 CCVD 生长的 NF 进行拉曼光谱测定，所用的激光为 YAG 固态激光倍频器发射的 512 nm 激光，测量范围 0 ~ 1 000 cm^{-1}。图 4-6 为 CCVD 生长 NF 的拉曼光谱图。

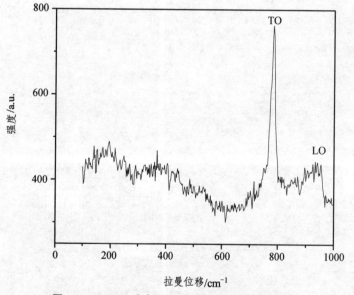

图 4-6　CCVD 生长 SiCNF 的一级拉曼光谱图

　　文献报道微晶 SiC（μc-SiC）的特征峰为：在 297 cm^{-1}、431 cm^{-1} 处的峰位为非晶硅，512 cm^{-1} 处为单晶 Si（100）的特征峰，960 cm^{-1} 处为β-SiC 的特征峰。而图 4-6 中，低波数的峰谱很乱，主要出现了两个分别位于 784 cm^{-1} 和 933 cm^{-1} 的峰，它们分别对应于β-SiC 的横向光学声子模式（TO）和纵向光学声子模式（LO）。TO 的强度远高于 LO 的强度，这可能是由于量子限域效应及纳米线内部存在的层错等缺陷所造成。LO 峰较宽且峰高很低，TO 峰线的半高宽很小并且峰形具有对称性，说明实验制备的是高取向度的单晶β-SiC，这和 TEM 衍射单晶斑相吻合。

4.3.4　XRD 分析

图 4-7 为电镀镍 10 min、CCVD 2 h 后试样的粉末 XRD 衍射图。表明 CCVD 后试样的物相为 C、β-SiC 和 Ni。C 的衍射峰较宽，与炭纤维以石墨多晶为主相符合。β-SiC 的衍射峰很尖锐，且不同 2θ 角的特征衍射峰和 JCPDS Card（No.29-1129）符合的很好，晶格常数接近，由此可以推断电镀镍的炭纤维于实验所在化学气相沉积条件下，炭纤维表面原位生成了单晶 β-SiC 纳米纤维，这和图 4-2（d）中的单晶衍射斑、图 4-4 的尖锐 TO 峰相吻合。

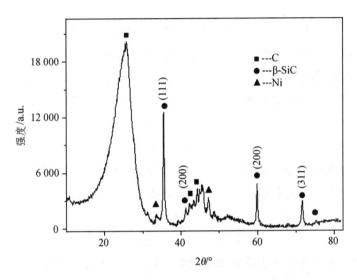

图 4-7　炭纤维 CCVD 生长 SiCNF 后的粉末 XRD 图

通过 XRD 的物相含量分析，β-SiC 纳米纤维的含量达到了 10%。β-SiC 纤维是一种高比强、高比模量的复合材料增强剂，且具有很好的高温稳定性、抗氧化和耐腐蚀性，同时，β-SiC 纳米纤维可以改善炭纤维与基体炭的相容性，从而改善由此制备的 C/C 复合材料的性能。另外从衍射图中能够找到催化剂镍的衍射峰，衍射强度很低，说明镍的含量较少，对由此而制备的复合材料性能影响不会很大，当然，也可以在 CCVD 后采用酸洗的方法去除。

4.4　镍催化剂颗粒形态对 SiCNF 的影响

第 3 章中研究表明，不同的电镀时间，镍催化剂颗粒形态不同（见图 3-1）。为了研究电镀镍颗粒形态对 CCVD 生长 SiCNF 形态的影响，取电镀镍 2.5 min、5 min、7.5 min 和 10 min 的试样，在 1273 K 的温度条件下沉积 2 h（工艺条件 1）。沉积后的试样进行 SEM 形貌观察，结果如图 4-8 所示。

从图 4-8 中可以看出，不同时间的电镀镍试样，CCVD 均生长出了 SiCNF。从图 4-8（a）~

（d）试样，CCVD 生长的 SiCNF 平均直径有逐渐增加的趋势，在几十到几百个纳米之间；由均匀分布到局部呈团絮状，图 4-8（d）中 SiCNF 很粗短，且在端部有粗大的颗粒。这表明电镀时间直接关系到 CCVD 生长 SiCNF 的形态和数量。然而，CCVD 生长 CNT/CNF 的实验中，电镀时间对 CCVD 生长 CNT/CNF 的直径的影响不大（见图 3-11），这说明镍催化剂 CCVD 生长 SiCNF 的效果更好，一方面能够在相对较大直径的镍颗粒上催化生长出 SiCNF，另一方面，因为 SiC 的热解沉积速度更快，在镍催化剂失去活性后，迅速在前期沉积的 SiCNF 表面沉积 SiC，使其直径变大。所以，同样电镀时间的试样，CCVD 生长 SiCNF 的直径要比 CNT/CNF 的直径大。

由此可以看出，通过控制电镀时间，可以制备出不同的镍催化剂形态的颗粒，来达到控制 CCVD 生长的 SiCNF 的形态的目的，电镀 2.5 min、5 min 得到的图 4-8（a）、（b）试样，镍颗粒较细小，故以此催化剂生长的纳米纤维细而长，平均长度在十几微米，而电镀 10 min 得到的图 4-8（d）试样因为催化剂颗粒较大，故而生长的多为较短而粗大的 SiCNF。与镍催化剂 CCVD 生长 CNT/CNF 相似，在 CCVD 生长 SiCNF 时，镍晶体颗粒越细小，在 CCVD 气氛中越容易形成典型的晶体颗粒，越能够发挥催化 SiCNF 生长效果（即其催化活性越大），所得到的纳米纤维越细长，分布也更均匀。因此，控制电镀工艺，确保镍催化剂颗粒的大小及在炭纤维表面均匀分布，是获得较好形态 SiCNF 的前提。在本实验条件下，控制电镀时间在 5 min 左右时，所生长的 SiCNF 的形态是最理想的。

另外，镀镍时间控制在 5 min 以下时，纳米镍催化剂颗粒细小，CCVD 生长的 SiCNF 细且长，且是以炭纤维为基体垂直于纤维轴线向外辐射生长，基体炭纤维之间被 CCVD 生长的 SiCNF"桥联"，已经很难分辨出炭纤维基体了。这种发生"桥联"的炭纤维在作为复合材料增强、增韧相时，不再是单根的纤维，且可以和 CCVD 生成的高强 SiCNF 一起，发挥更好的增强增韧效果。另外，传统的炭毡无论二维或多维编织，都不可避免地使其后的复合材料产生各向异性，上述的"桥联"作用及各向随机生长的纳米纤维应该可以改善这种各向异性，提高复合材料的强度、模量、耐腐蚀、抗氧化、导电和导热等性能。

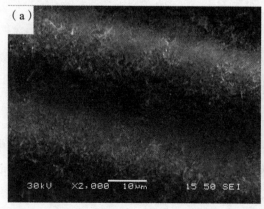

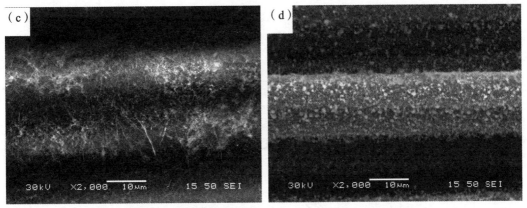

图 4-8 不同电镀时间下 CCVD 生长的 SiCNF SEM 形貌

（a）2.5 min；（b）5 min；（c）7.5 min；（d）10 min

4.5 沉积工艺对 CCVD 生长 SiCNF 的影响

4.5.1 沉积时间的影响

为了研究 CCVD 时间对生长 SiCNF 形态的影响，取未电镀试样和电镀镍 2.5 min、5 min、7.5 min 和 10 min 的试样，在 1 273 K 的温度条件下沉积 2 h、4 h、6 h、8 h 和 10 h（工艺条件 1）。沉积前后的试样称重，将对比样及不同镀镍时间的试样在不同的 CCVD 时间下的增重量换算为增重的百分率，以横轴为时间坐标（h），纵轴为增重的百分率（%），作不同情况下的 CCVD 时间和增重率关系图，结果见图 4-9。根据实验数据计算出增重速率（%·h^{-1}），作出 CCVD 时间和增重速率的关系图见图 4-10。

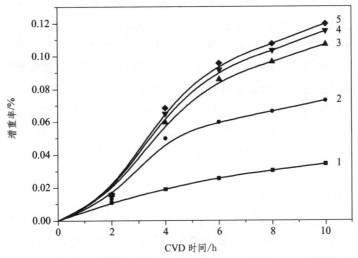

图 4-9 不同电镀时间试样的增重百分率随沉积时间的变化

1—去胶试样；2—2.5 min；3—5 min；4—7.5 min；5—10 min

图 4-9 表明，和未镀镍的对比样相比，电镀镍能够显著增加 CCVD 时 SiC 的量，且在相同的沉积时间下，电镀镍的时间越长，CCVD 时 SiC 增重的量越大，但电镀时间超过 5 min 以后，这种增重就不太明显。

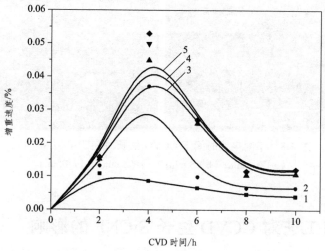

图 4-10　不同电镀时间试样的增重速度随沉积时间的变化

1—去胶试样；2—2.5 min；3—5 min；4—7.5 min；5—10 min

因为镍催化剂 CCVD 生长 SiCNF 和 CNT/CNF 的类似，根据表 3-2 中的生长机制，在 CCVD 生长 SiCNF 之前，镍颗粒同样会发生断裂，只有那些较小的颗粒才具备更大的催化活性。然而电镀达到一定的时间后，镍颗粒增粗，表面微细枝晶并没有成正比增加，因此，到了 5 min 以后，这种催化效果不会因为电镀时间的延长而正比增加。

另外，在相同的电镀镍时间的情况下，随着 CCVD 时间的延长，炭纤维表面生长的纳米 SiC 纤维越多，增重越明显，但在不同的时间段，增重的速率是不一样的。图 4-10 表明，在经过了起初的纳米晶的孕育后，纳米纤维迅速生长，在前 4 h 催化剂的活性很大，生长速度很快，并在 4 h 左右达到最大生长速率，此后催化剂的活性减小，生长速率降低，在 8 h 以后，生长速率几乎趋于稳定值，但仍然远远高于未镀镍的对比样。这时虽然催化剂的活性很低，纳米纤维的生长速度很慢或不再生长，但因为炭毡表面在前期生长了大量纳米纤维，大大提高了其比表面积和表面活性，SiC 的化学气相沉积同时在炭纤维的表面和刚生成的纳米 SiC 纤维表面进行，所以速度要比无催化剂的对比样快很多。从 8 h 后不同镀镍时间的试样增重速率的情况看，催化剂的量越多，前期生长的 SiCNF 越多，在催化剂失去活性后，SiCNF 因增粗而增重的速度就越大，因此，预制体通过电镀镍、气相生长 SiCNF 后，在随后的 C/C 复合材料的 CVI 增密速度会增加，这对于快速 CVI 是有借鉴意义的。

4.5.2　沉积温度的影响

为了研究沉积温度对 CCVD 生长 SiCNF 形态的影响，取电镀镍 5 min 的试样，在 1 473 K 的温度条件下[工艺条件 2，其他条件和图 4-8（b）相同]进行沉积试验。沉积后的试样进行 SEM 形貌观察，结果见图 4-11。

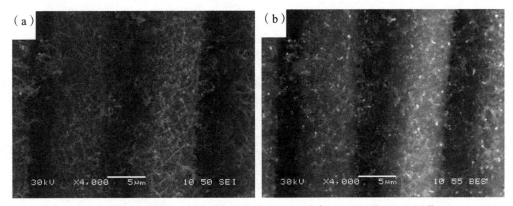

图 4-11 电镀镍 5 min、1473 K 时 CCVD 生长 SiCNF 的 SEM 形貌
（a）SEI；（b）BES

图 4-11（a）表明，沉积温度在 1 473 K 时，得到的是粗而短的 SiCNF，直径比图 4-8（b）中的明显增加，这和 CCVD 生长 CNT/CNF 类似，表明在此温度下，MTS 分解速度太快，很快就在镍催化剂颗粒表面吸附并析出，同时高温下，催化剂的催化活性降低，所以很快被热解的 SiC 完全包裹而失去催化活性，此后，前期 CCVD 生长的 SiCNF 又发生 CVD 沉积而变粗，故不能 CCVD 生长而得到图 4-8（b）细长的 SiCNF。可见，控制合适的沉积温度，是保证镍催化剂活性的前提。

4.5.3 沉积气氛的影响

实验粗略地探讨了沉积气氛对 CCVD 生长 SiCNF 形态的影响，取电镀 5 min 的试样，在 1 273 K 改变沉积气氛，结果发现，在炉内压力太低（工艺 3）或 MTS 载气流量太小（工艺 4）时，基本不能得到 SiCNF，而在在炉内压力太高（工艺 5）或 MTS 载气流量太大（工艺 6）时，得到的 SiCNF 如图 4-12（a）。图中的 SiCNF 非常粗大，直径有几百个纳米，还出现了直径很大的 SiC 球[见图 4-12（b）]。因此，合适的沉积气氛也是制备 SiCNF 的前提。

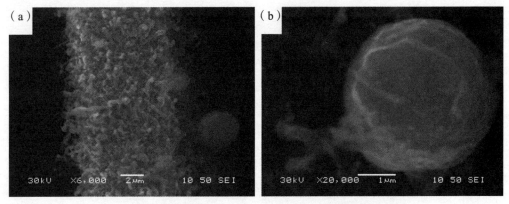

图 4-12 过饱和气氛下 CCVD 生长 SiCNF 的 SEM 形貌

4.6　本章小结

以电镀镍为催化剂，采用 CCVD 生长的方法，在炭纤维表面原位生长了 SiCNF，通过对 SiCNF 形貌观测，结构特性和影响因素分析可以得出如下结论：

（1）采用电镀镍为催化剂，MTS 为 SiC 源，Ar 为载气，氢气为稀释气体，在 1 273 K 的沉积温度下，在炭纤维表面 CCVD 生长了 SiCNF。XRD 衍射、TEM 和拉曼谱线表征此纳米纤维为 β-SiC 单晶体。

（2）镍催化剂颗粒的大小、形态和分布对 CCVD 生长 SiCNF 的影响为：镍催化剂颗粒越细小，分布越均匀，所生长的纳米纤维则越细长，分布也越均匀。

（3）镀镍时间越长，炭纤维表面的镍纳米颗粒越多，气相生长时 SiC 纳米纤维的生长速度也越快。SiC 纳米纤维的生长速度经历孕育期后，在 4 h 左右达到最大值，此后的增重主要靠 SiCNF 表面沉积 SiC 达到。在 8 h 后，电镀 Ni 的试样的稳定增重速度快于未电镀的对比样，原因在于 CCVD 生长的 SiCNF 增加了纤维的比表面积和表面活性，使 SiC 在 SiCNF 表面 CVD 速度更快。

（4）控制好合适的沉积工艺，有利于镍催化剂保持完整的晶面特性和保持合适的 CCVD 生长速度，充分发挥其催化效果，促使 CCVD 生长的 SiCNF 细长而且均匀分布。控制电镀电流在 100 mA，电镀时间为 5 min 时，沉积温度为 1 273 K 和炉内气氛中 MTS、Ar 和 H_2 流量比为 1∶7∶10 时，CCVD 生长 SiCNF 的形态最佳。

5 纳米相增强 C/C 复合材料的微观结构

5.1 引　言

炭纤维表面原位 CCVD 生长 CNT/CNF 或 SiCNF，能够充分发挥一维纳米材料的独特性能，改善纤维的表面结晶度，降低边界碳原子的缺陷，利用多向生长的一维纳米纤维对炭纤维的"桥联"作用，最大尺度地改善炭纤维的表面特性。同时，利用原位各向生长 CNT/CNF 或 SiCNF 的方法，既克服了纳米材料的分散性问题，又可以有效地弥补因炭纤维编织的预制体中因纤维排布方向而造成的各向异性的问题，有望真正改善 C/C 复合材料的力学和热物理性能。

为了尽量减小炭纤维对纳米纤维改性效果的干扰，最大限度地反应出 CNT/CNF 或 SiCNF 改性炭纤维对 C/C 复合材料结构和性能的改变，实验中，没有选用针刺或编织的多维整体炭毡，而是选用一维的炭纤维无纬布，作为制备 C/C 复合材料的预制体。

为此，本章结合前期在炭纤维表面原位 CCVD 生长 CNT/CNF 或 SiCNF 的结果，在无纬布上电镀镍后，CCVD 原位生长 CNT/CNF 或 SiCNF，以此表面原位生长有 CNT/CNF 或 SiCNF 的炭纤维无纬布为预制体，进行 CVI PyC 增密，得到 CNT/CNF 或 SiCNF 改性炭纤维增强 C/C 复合材料（NF 改性 C/C 复合材料），通过对 NF 改性 C/C 的结构表征和性能检测，分析 CNT/CNF 或 SiCNF 改性炭纤维对 C/C 复合材料结构改变，为制备高性能 C/C 复合材料提供参考。

5.2　实验过程

将 T700-12K 炭纤维按第 2 章和第 5 章催化剂的制备方法，在无纬布的炭纤维表面电镀镍催化剂，再采用第 5 章和第 6 章的 CCVD 生长 CNT/CNF 或 SiCNF 的方法，在无纬布上 CCVD 原位生长 CNT/CNF 或 SiCNF，得到纳米纤维改性的预制体。此预制体按照 2.3.7 的方法制备 NF 改性的 C/C 复合材料。

实验中分别制备了未改性炭纤维增强 C/C 复合材料对比试样（DO）、CNT/CNF 改性炭纤维增强 C/C 复合材料试样（DC）、SiCNF 改性炭纤维增强 C/C 复合材料试样（DS），同时，为了说明炭纤维和 SiCNF 的相容性，制备了先 CVD C 薄膜再 CCVD 原位生长 SiCNF 复合改性的炭纤维增强 C/C 复合材料试样（DT）。将上述复合材料制样进行 SEM、TEM 表征、力学性能检测、拉曼光谱检测和导热性能测试，方法如第 2 章所述。

5.3 微观形貌观察

5.3.1 SEM 形貌

炭纤维无纬布电镀镍催化剂颗粒，CCVD 原位生长 CNT/CNF 或 SiCNF 后的试样微观形貌如图 5-1 所示。图 5-1 可以看出，除了对比样外，其余试样的炭纤维表面均均匀生长出了 CNT/CNF 或 SiCNF，而且 CNT/CNF 或 SiCNF 分布都很均匀，将炭纤维进行了很好的覆盖，只能隐约看到炭纤维，表明 NF 对炭纤维起到了很好的"桥联"作用。

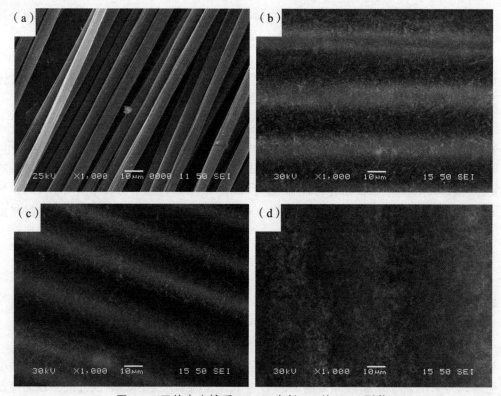

图 5-1 无纬布电镀后 CCVD 生长 NF 的 SEM 形貌

（a）去胶纤维；（b）CNT/CNF 改性炭纤维；（c）SiCNF 改性炭纤维；（d）先涂敷 C 薄膜再 SiCNF 改性炭纤维

将上述 CCVD 原位生长 CNT/CNF 或 SiCNF 的无纬布在 CVD 炉中进行 CVD PyC 增密，得到的 C/C 复合材料试样，其垂直纤维轴向方向的抗弯断口的 SEM 形貌如图 5-2。图 5-2（a）试样炭纤维拔出明显，表明纤维和基体的结合较差，而其他纳米纤维改性的 C/C 复合材料试样断口都很平整，纤维是以拉断方式破坏的，特别是增加了涂敷 PyC 薄膜界面层的 DT 试样，断口几乎分不出纤维和基体。在 DO 和 DC 试样的高倍断口 SEM 形貌（见图 5-3）中，DO 试样的 PyC 在炭纤维表面圆周生长明显，多次沉积的结合界限非常清晰，而 DC 试样的断口非常粗糙，看不出 PyC 沉积纹路，结构非常致密，且和纤维结合非常好。DS、DT 试样的高倍断口的 SEM 形貌和 DC 类似。

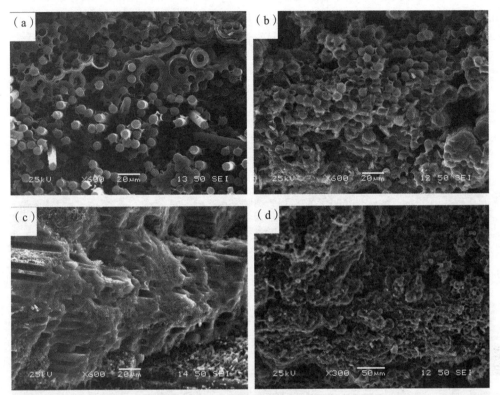

图 5-2　C/C 复合材料垂直纤维轴向方向断口的 SEM 形貌
（a）DO；（b）DC；（c）DS；（d）DT

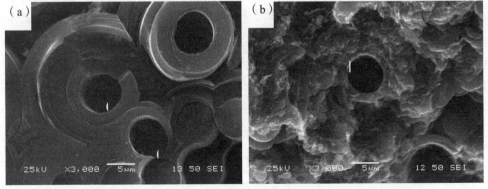

图 5-3　C/C 复合材料垂直纤维轴向方向断口的 SEM 形貌
（a）DO；（b）DC

图 5-4 为典型的对比样和 CCVD 生长 NF 试样的平行纤维轴向方向的抗弯断口，图 5-4

（a）为 DO 试样的平行方向断口，断口光滑，主要是纤维之间 PyC 的断裂。其他 NF 改性 C/C 复合材料试样的典型断口如图 5-4（b）所示，断口呈台阶状，有不同方向的裂纹（箭头所指处）。另外，在 NF 改性 C/C 复合材料试样的平行纤维轴向方向的抗弯断口上，一些较大孔隙处可以看到图 5-4（c）、（d）中的粗大短棒状物质，这些是 CCVD 原位生长的 CNT/CNF 或 SiCNF，因为沉积时间较短，而没有完全沉积上 PyC，可以推测，在其他密度较大的部位，早期的 CNT/CNF 或 SiCNF 也是这样生长的，增密的后期，这些沉积了 PyC 的棒状物质才逐渐被致密化，这实际上就是 NF 实现炭纤维之间"桥联"的方式之一。

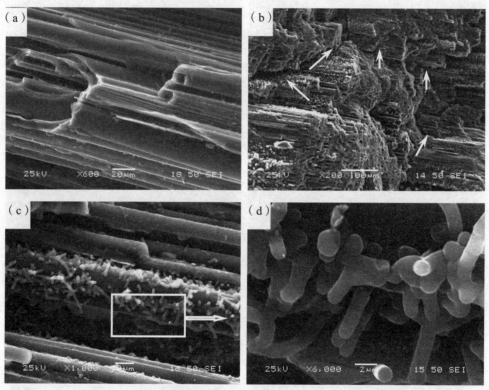

图 5-4　C/C 复合材料平行纤维轴向方向断口的 SEM 形貌

（a）DO；（b）DC/ DS/DT；（c）DC/DS/DT；（d）（c）试样选区的高倍形貌

以上分析表明，在无纬布上原位 CCVD 生长 CNT/CNF 或 SiCNF 有助于改善炭纤维和 PyC 基体的界面结合状况，实现炭纤维相互之间的"桥联"作用，有助于更好地发挥炭纤维的增强性能。

5.3.2　TEM 形貌

将未改性炭纤维增强 C/C 复合材料对比试样（DO）、CNT/CNF 改性炭纤维增强 C/C 复合材料试样（DC）、SiCNF 改性炭纤维增强 C/C 复合材料试样（DS），和先涂敷 C 薄膜再 CCVD

原位生长 SiCNF 复合改性的炭纤维增强 C/C 复合材料试样（DT）制样后在 TEM 下，观察其微观形貌，分别如图 5-5、5-6、5-7 和 5-8 所示。

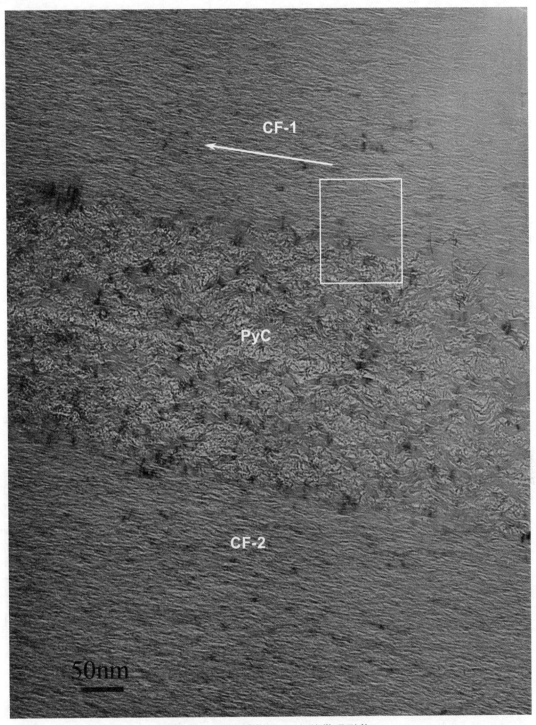

图 5-5　对比试样（DO）的微观形貌

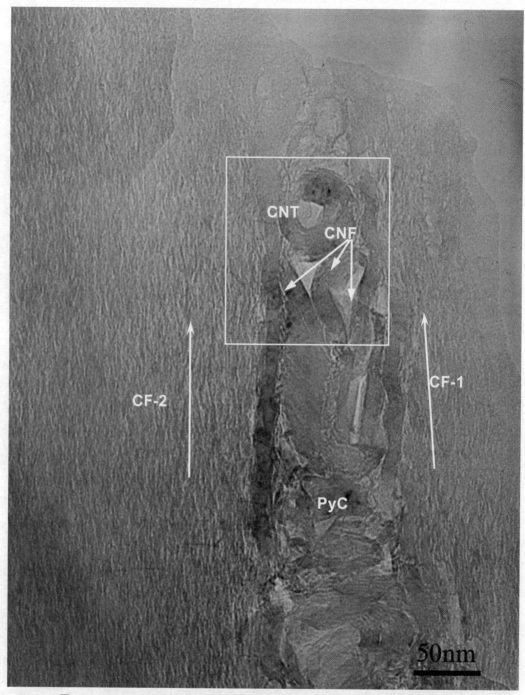

图 5-6　CNT/CNF 改性炭纤维增强 C/C 复合材料试样（DC）的微观形貌

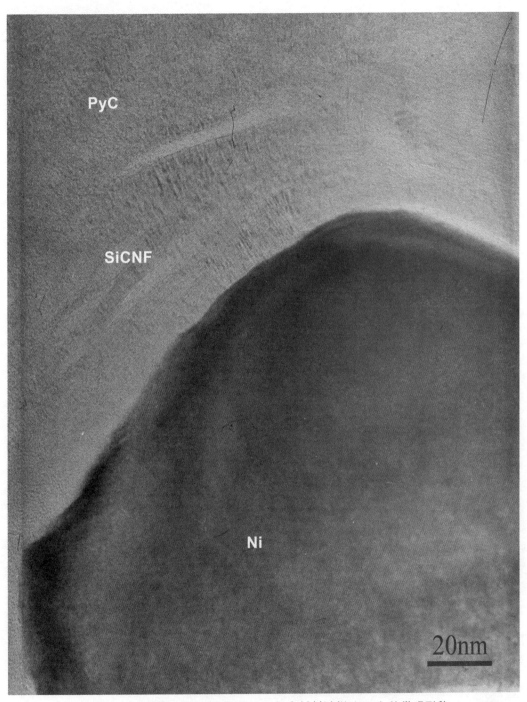

图 5-7 SiCNF 改性炭纤维增强 C/C 复合材料试样（DS）的微观形貌

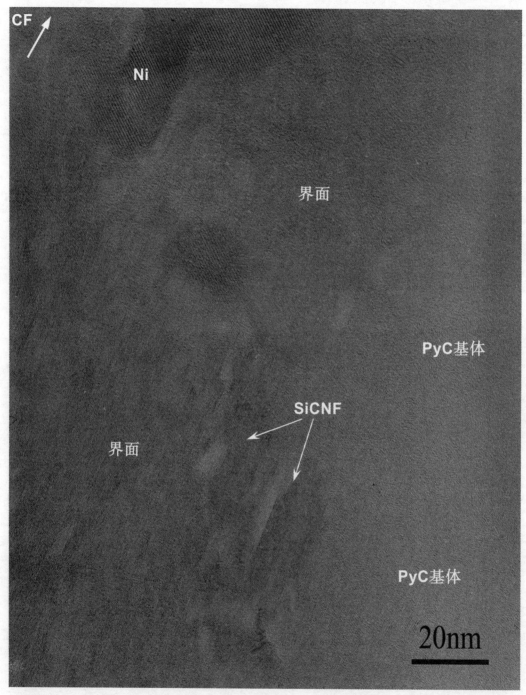

图 5-8　先涂敷 C 薄膜再 SiCNF 改性炭纤维增强 C/C 复合材料试样（DT）的微观形貌

图 5-5 是对比样 DO 的 TEM 形貌，图中可见两根炭纤维及纤维之间的 PyC 基体，炭纤维相互平行排布，轴向沿箭头方向，表层的石墨层片清晰可见，且沿着纤维轴向具有较高的取向度。炭纤维之间的 PyC 纹理较乱，没有明显的取向度，但石墨层片大小及厚度明显比炭纤维表

面的要大。图 5-6 是试样 DC 的 TEM 形貌，也可见两根平行排布的炭纤维。只是炭纤维之间是多根"桥联"的 CNT/CNF 和 PyC 基体，CNT/CNF 周围的 PyC 的取向度比 DO 试样 PyC 的取向度明显要高。图 5-7 是试样 DS 的 TEM 形貌，可以看见一个直径较大的单晶镍颗粒，及在镍颗粒周围 CCVD 生长的 SiCNF，在 SiCNF 外围是取向度和它本身非常一致的 PyC 基体。

图 5-8 中也可以看到一个形状不太规则的单晶镍颗粒，在镍颗粒的左上方是取向度较高的炭纤维，在镍颗粒和炭纤维之间可见纹理较乱的电镀前预先 CVD PyC。右下角为致密化时的 PyC 基体，在炭纤维和基体之间是尺度相对较大的炭纤维和基体炭的界面层。在界面层中可以看到多根 SiCNF，SiCNF 周围的 PyC 具有较高沿 NF 的取向度。可见，SiCNF 的引入，增加了炭纤维和 PyC 基体的界面层的厚度和取向度。

将图 5-8 中的镍颗粒进行高倍形貌观察，结果如图 5-9 所示，图中的镍晶体的排布面非常完整，晶面间距为 0.62 nm，非常接近面心立方金属镍（111）的面间距（镍原子的半径为0.124 nm），而且这一值大于碳原子的直径 0.077 nm。可见，多晶的电镀镍颗粒在 CCVD 前断裂为单晶镍颗，并且，在 CCVD 生长 CNT/CNF 时，PyC 在镍表面吸附后，能够向镍颗粒内部扩散，并沿着特定的晶面析出。

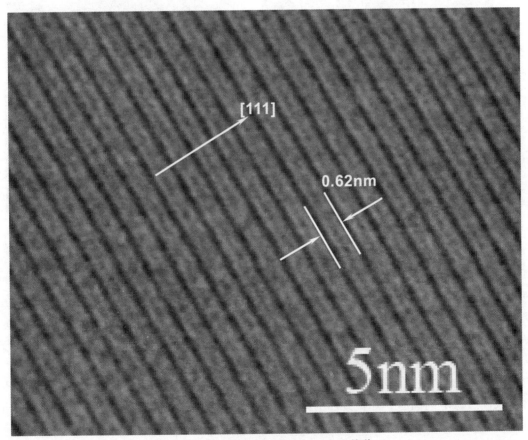

图 5-9　金属镍单晶体的 HRTEM 晶格像

5.4　原位生长纳米纤维改性 C/C 复合材料的微观结构

5.4.1　原位生长纳米炭纤维对 C/C 复合材料微观结构的影响

图 5-10 为 C/C 复合材料（DO）和 CNF-C/C 复合材料（DC）的偏光显微形貌。从图 5-10（a）可以看到，在 C/C 复合材料中，PyC 表面光滑，呈生长锥形，存在明显的消光十字，是典型的光滑层结构。从图 5-10（a）中还可以看到 PyC 沉积层界面分明，炭纤维与 PyC 的界限清晰，并存在一定的界面裂纹。而在相同 CVI 工艺条件下制备的 CNF-C/C 复合材料中[见图 5-10（b）]，相邻的炭纤维通过细小的消光颗粒连接，外层 PyC 包裹在几根炭纤维周围。外层 PyC 光学活性高，立体感明显，存在不规则的消光十字，PyC 沿纤维轴方向呈现明显的生长特征，生长锥凸凹不平，呈现出粗糙层（RL）结构特性。外层 PyC 与炭纤维之间的界面不明显，呈锯齿状。

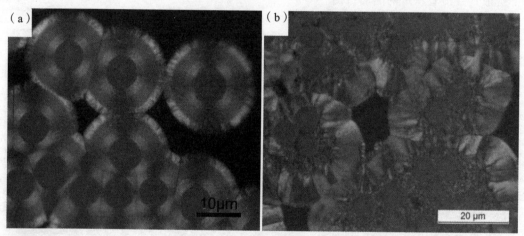

图 5-10　复合材料的偏光显微形貌
（a）DO；（b）DC

图 5-11 所示为 C/C 复合材料和 CNF-C/C 复合材料在垂直纤维轴向方向的形貌。从图 5-11（a）中可以看出 C/C 复合材料中，PyC 以环形层片状环绕在炭纤维周围，炭纤维和 PyC 之间存在明显的界面，PyC 层片之间存在裂纹，有明显的圆周生长纹路。而 CNF-C/C 复合材料中[见图 5-11（b）]，PyC 以颗粒状围绕在炭纤维周围，炭纤维与 PyC 之间没有明显的界面，PyC 没有明显的生长纹路，以小颗粒堆积生长。

图 5-12 为 CNF-C/C 复合材料的高倍 SEM 形貌。从图 5-12 中可以看出 PyC 优先沉积在 CNF 表面。CNF 周围的 PyC 由卷曲的薄片组成，并呈管状结构。由于 CNFs 之间相互交错，相邻的 CNF 由 PyC 连接。气体在这些相互交错的 CNF 之间扩散受阻，制备出的 PyC 很薄，并留下了很多细小的空隙。而在炭纤维表面，由于 PyC 同时沉积在炭纤维和 CNF 表面，PyC 与炭纤维之间的界面变得模糊，并形成了 PyC、炭纤维和 CNF 三者之间的复杂界面。因此，

原位生长 CNF 后炭纤维和 PyC 之间的界面结合相对于 C/C 复合材料的界面较好。

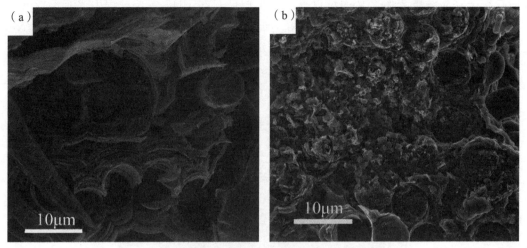

图 5-11　C/C 复合材料的 SEM 形貌
（a）DO；（b）DC

图 5-12　CNF-C/C 复合材料（DC）的高倍 SEM 形貌

为了进一步研究 CNF 对 C/C 复合材料界面的影响，采用透射电镜对 CNF-C/C 复合材料中纤维束中间的炭纤维与基体之间的界面进行显微形貌观察，如图 5-13 所示。从图 5-13（a）中可以看出，从左至右分别为炭纤维、界面层、炭纤维，界面层由原位生长的 CNF 和 PyC 组成。无规则排列的 CNF 使得炭纤维和基体炭之间的界面变得复杂，除了炭纤维与基体炭之间的界面，还存在炭纤维与 CNF、CNF 与 PyC 之间的界面。进一步放大分析，如图 5-13（b）所示，发现该界面层由 CNF，MT-PyC 和高织构热解炭（HT-PyC）组成。CNF 表面沉积的 PyC 中石墨片层平行且高度有序，为 HT-PyC，加上 CNF 本身石墨片层极高的有序度，形成了 CNF + HT-PyC 的高织构层，如图 5-13（c）所示；在高织构结构层与炭纤维之间存在一层约为 10 ~ 15 nm 的 MT-PyC，如图 5-13（e）所示。该 MT-PyC 与炭纤维结合处自然过度，无明显交界面，炭层的排列与炭纤维轴向平行，而在 MT-PyC

与 CNF + PyC 的高织构层之间的界面结合处存在明显的位错。MT-PyC 和 CNF 沿着不同方向存在于在炭纤维表面，从而可以推断 MT-PyC 是在 CNF 生长过程中逐步形成的，这可以从 CNF 的端部与 MT-PyC 重合证明，如图 5-13（d）所示。该 MT-PyC 即为 CNF 生长过程中在炭纤维近表面所形成的薄层热解炭。

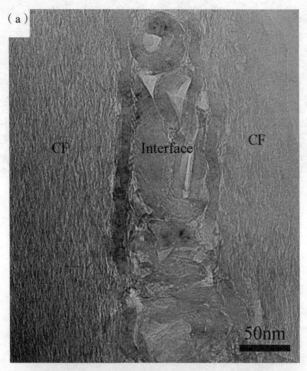

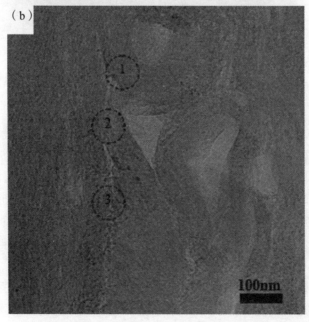

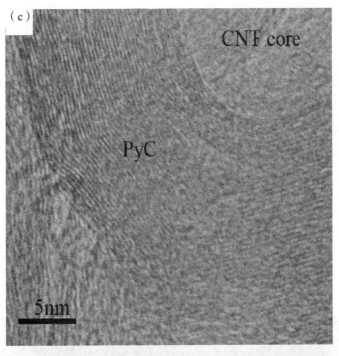

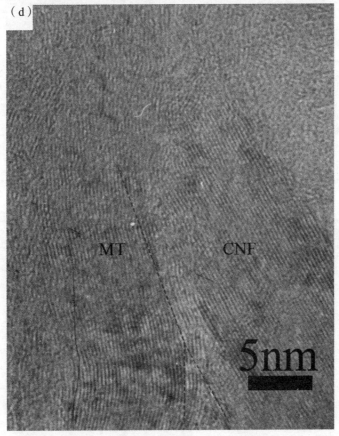

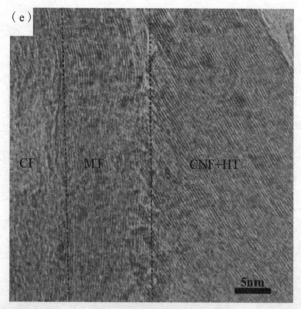

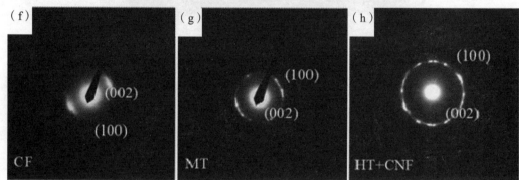

图 5-13　CNF-C/C 复合材料（DC）的 TEM 照片及各物相的衍射花样

（a）CNF-C/C 复合材料的 TEM 形貌；（b）CNF-C/C 复合材料的 HRTEM 形貌；
（c）CNF-HT-PgC 界面的 HRTEM 形貌；（d）MT-PgC/CNF 界面的 HRTEM 形貌；
（e）CNF/PgC/CF 界面的 HRTEM 形貌；（f）、（g）、（h）衍射花样

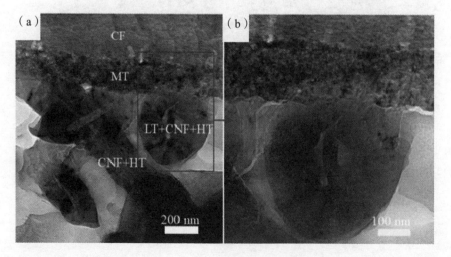

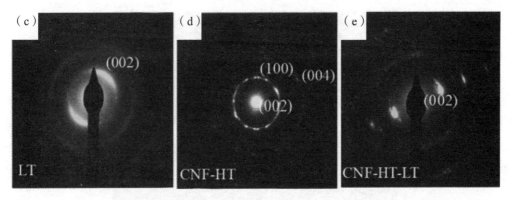

图 5-14　CNF-C/C 复合材料纤维束边缘炭纤维/PyC 界面的 TEM 照片及各物相的衍射花样

（a）CNF-C/C 复合材料的 TEM 形貌；（b）CNF-C/C 复合材料的 HRTEM 形貌；（c）、（d）、（e）衍射花样

图 5-14 所示为 CNF-C/C 复合材料中炭纤维束边缘处炭纤维与基体炭之间的界面的 TEM 形貌。在图 5-14（a）中，从上到下依次为炭纤维、MT-PyC 以及由 CNF 和 PyC 组成的界面层。在纤维束边缘，由于炭纤维之间的间隙较大，原位生长的 CNF 的直径比增大，出现了更为明显的由 PyC 和 CNF 组成的混合层，同时由于孔隙增多，边缘处致密度降低。从图 5-14（b）中还可以明显看出从 CNF 的表层到远离 CNF，PyC 经过了一个由高织构到低织构（Low-textured，LT）的结构变化。这是由于电子耦合力减弱，对碳原子的吸引力减小的结果。CNF 表面存在共轭π键（石墨烯），共轭π键在 CVI 过程中诱导碳氢化合物高温热解产生的苯或聚芳烃在 CNF 表面定向堆积排列，生成 HT-PyC。随着 CNF 表层的 HT-PyC 逐渐变厚，共轭π键的诱导能力逐渐减小，高温热解产生的苯或聚芳烃在 HT-PyC 层表面自由堆积形成了 LT-PyC 层。

5.4.2　原位生长纳米碳化硅纤维对 C/C 复合材料微观结构的影响

由于原位生长的 SiCNF 与 CNF 具有不同的结构，其对 C/C 复合材料微观结构的影响也不同，尤其是其表面沉积的热解炭的结构。

图 5-15 为原位生长 SiCNF 改性 C/C 复合材料的偏光显微形貌。从图 5-15 中可知，相邻的炭纤维通过细小的消光颗粒连接，外层 PyC 包裹在相邻的炭纤维周围。外层 PyC 光学活性高，立体感明显，存在不规则的消光十字，PyC 沿纤维轴方向呈现明显的生长特征，生长锥凹凸不平，呈现出粗糙层（RL）结构特性。外层 PyC 与炭纤维之间的界面不明显，呈锯齿状。这些形貌与 CNF-C/C 复合材料的偏光形貌相同。但与 CNF-C/C 复合材料不同的是，在 SiCNF-C/C 复合材料偏光显微形貌中，炭纤维边缘存在粉红色的小区域，这些小区域为团聚的 SiCNFs。由于 SiCNF 生长密集，相邻的 SiCNF 之间的孔隙太小，碳氢气体不能进入从而无法沉积热解炭。

图 5-15　SiCNF-C/C 复合材料（DS）的 PLM 形貌

图 5-16 为 SiCNF-C/C 复合材料的 SEM 形貌。从图 5-16（a）中可知，SiCNF-C/C 复合材料表面粗糙，没有明显的纤维与基体的界面。在炭纤维表面存在细小的颗粒，外围则是突起的球状颗粒。这些细小的颗粒和大的球状颗粒都是外层包裹着 PyC 的 SiCNFs，如图 5-16（b）所示。由于原位生长的 SiCNF 长度不同，在炭纤维表面的 SiCNF 密度高，排列紧密，而远离纤维表面的 SiCNF 则排列疏松。当沉积热解炭时，由于炭纤维表面的 SiCNF 之间的孔隙很小，少量热解炭沉积于 SiCNF 表面，从而形成了细小的颗粒。而远离炭纤维表面的 SiCNF 之间的孔隙大，热解炭以 SiCNF 为中心沉积形成了大的球状颗粒。

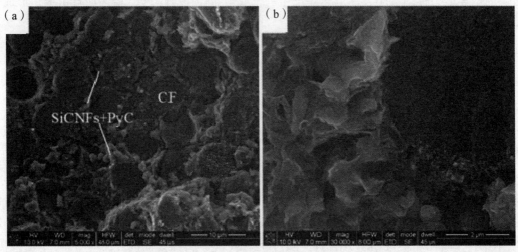

图 5-16　SiCNF-C/C 复合材料（DS）的 SEM 形貌
（a）低倍；（b）高倍

为了进一步研究 SiCNF 对热解炭和 CF/PyC 界面的影响，同样采用透射电子显微镜对其分析，如图 5-17。在图 5-17（a）中，左边为里面包裹着 SiCNF 的 PyC，右边为炭纤维。炭纤维与 PyC 的界面清晰。进一步放大炭纤维与 PyC 的界面，如图 5-17（b）。不规则排列的

SiCNF 导致炭纤维与 PyC 的界面复杂，形成了热解炭、SiCNF 和炭纤维三者之间的界面。图 5-17（c）为图 5-17（b）中区域 1 的高分辨形貌。从图 5-17（c）中可知，SiCNF 与 PyC 的界面模糊，在 SiCNF 表面的 PyC 中，部分相邻的石墨层片之间形成一定角度，这和 SiCNF 种相邻碳原子层面与硅原子层面形成的角度相同；而远离 SiCNF 表面的石墨层片则平行于 SiCNF 轴向。图 5-17（d）为图 5-17（b）中区域 2 的高分辨形貌。在炭纤维皮层存在着少量的 SiC 层片，并且在 SiC 周围的碳原子排列更为有序，这进一步解释了拉曼光谱分析中，原位生长 SiCNF 后炭纤维表层的 $1/R$ 提高的原因。

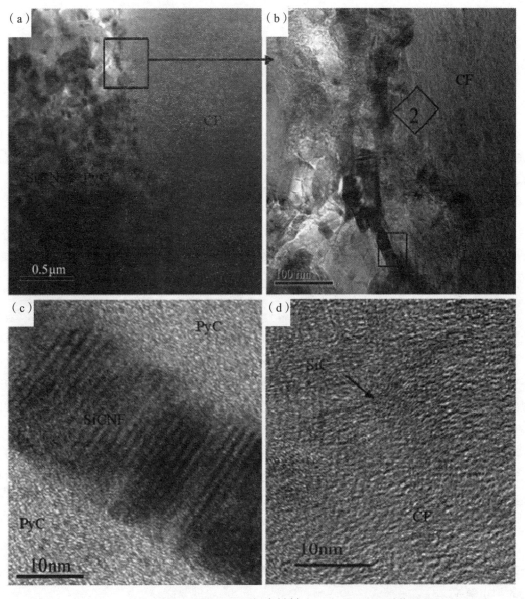

图 5-17　SiCNF-C/C 复合材料（DS）的 TEM 形貌

（a）低倍；（b）高倍；（c）图 5-17（b）中区域 1 的放大；（d）图 5-17（b）中区域 2 的放大

5.4.3 纳米炭纤维与纳米碳化硅纤维对 C/C 复合材料结构影响的异同

通过前面对 CNF 和 SiCNF 两种不同纳米纤维改性 C/C 复合材料的结构分析可知，炭纤维表面原位生长纳米纤维后，炭纤维周围的热解炭结构发生了变化，在炭纤维与炭基体之间都形成了一层界面层。但不同的纳米纤维改性 C/C 复合材料中热解炭的结构变化以及炭纤维与炭基体之间的界面层不同。CNF 改性 C/C 复合材料中，包覆在 CNF 表面的热解炭以 HT-PyC 的形式存在，并且在炭纤维与基体炭之间形成一层依次由 MT-PyC、CNF + HT-PyC 组成的界面层。而 SiCNF 改性 C/C 复合材料中，包覆在 SiCNF 表面的热解炭以 MT-PyC 和 HT-PyC 两种形式存在，MT-PyC 介于 SiCNF 和 HT-PyC 之间；同时，在炭纤维与炭基体之间形成了一层由 MT-PyC、SiCNF 以及 HT-PyC 组成的界面层。两种纳米纤维改性 C/C 复合材料结构上的差异是由纳米纤维生长过程以及纳米纤维本身的结构差异引起的。在纳米纤维生长过程中，CNF 生长的同时在炭纤维表面形成了 MT-PyC，而 SiCNF 生长的同时在炭纤维皮层内形成了碳化硅。此外，在 CNF 中，石墨层片平行于纤维轴向，在 CNF 的诱导下形成了 HT-PyC；而 SiCNF 中，碳原子层面和硅原子层面垂直于纤维轴向，并且相邻的 C-Si 键之间形成了一定角度，在 SiCNF 表面结构的诱导下形成了 MT-PyC。

5.5 纳米改性对 CVI PyC 结构的影响

对由炭纤维和热解炭组成的 C/C 复合材料来说，其基体炭的微观组织结构一般可分为三种类型：粗糙层（RL）、光滑层（SL）和各向同性层（ISO）。其中，RL 比 SL 具有更粗糙的表面织构以及较低的光反射性和择优取向性。不同结构的热解炭的性能不同，RL 结构因具有高密度、易石墨化、高导热系数和优良制动摩擦磨损性能，是 C/C 复合材料中希望获得的微观结构组织。但研究发现，RL 结构对沉积工艺条件十分敏感，只有在很窄的工艺范围内才能得到。

在本实验得到的不同试样的偏光显微镜观察结果见图 5-18。图 5-18（a）为未改性的对比试样 DO，在实验条件下，炭纤维和 PyC 的界限清晰，PyC 的生长圆非常圆滑，表明界面结合状态较差，呈明显的十字消光规律，是典型的光滑层（SL）结构。而在 CCVD 原位生长了 CNT/CNF 的 DC 试样[见图 5-18（b）]，热解炭在偏振光下显得凹凸不平，立体感明显，沿着纤维径向生长的 PyC 似乎速度不同，生长圆没有 DO 试样的圆滑，且存在很多皱折；纤维和 PyC 的结合部位很不明显，几乎分不清纤维和 PyC，并且在结合处有很多消光的细小颗粒。

图 5-18（c）为原位 CCVD 生长了 SiCNF 的试样 DS，偏光照片和 DC 试样有些类似，同样在偏振光下显得富有立体感，PyC 沿着纤维径向的生长圆没有 DO 样的圆滑，纤维和 PyC

的结合部位很不明显等特点，并且在结合处有很多细小颗粒，不同的是，这些颗粒在偏光显微镜下很明亮，具有强的反射特性。

图5-18（d）为先在无纬布上CVD了一薄层PyC再CCVD生长SiCNF改性的试样DT，偏光显微镜下没有看到类似DS试样的明亮颗粒，而是细小的消光颗粒，其他特性和DC、DS试样相似。

改性试样中，因为PyC优先在CCVD生长CNT/CNF或SiCNF表面沉积，并形成高织构的PyC，造成了沿着纤维径向生长圆没有对比样圆滑以及出现高亮度或消光的颗粒。

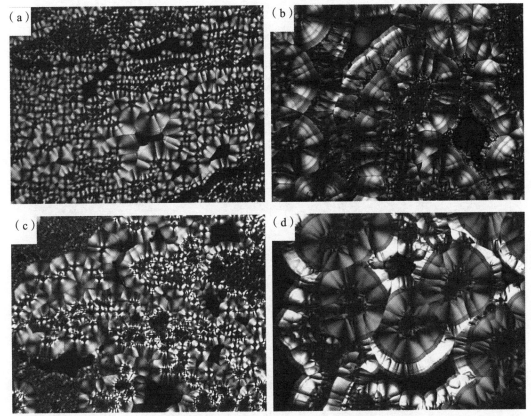

图5-18　C/C复合材料的偏光显微镜照片
（a）DO；（b）DC；（c）DS；（d）DT

改性试样中，因为PyC优先在CCVD生长CNT/CNF或SiCNF表面沉积，并形成高织构的PyC，造成了沿着纤维径向生长圆没有对比样圆滑以及出现高亮度或消光的颗粒。

王占峰等也发现了类似DC的形貌，称其为典型的粗糙层（RL）或高织构结构。而DS和DT试样的偏光现象，尚没有类似的报道。引入了NF的试样和DO试样的消光特性不同，是否预示着NF改性的试样存在不同结构的热解炭呢？为此，将图5-5、5-6中的矩形区域，做高分辨观察，结果见图5-19和5-20。

图5-19中，PyC的石墨层片虽然较大，但其纹理很乱，表明取向度不高，是典型的各向同性的SL结构。

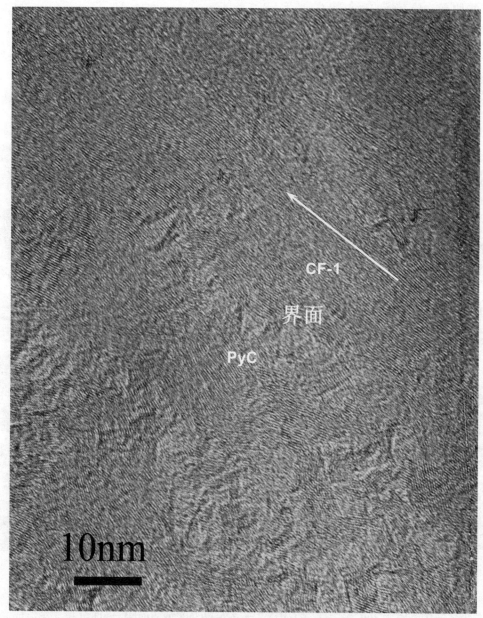

图 5-19　DO 试样的高倍微观形貌

　　图 5-20 中，CNT/CNF 周围的 PyC 的石墨层片和 CNT/CNF 的石墨层片取向非常相近，表明 CNT/CNF 对 PyC 的沉积具有很大的遗传性，因为 CNT/CNF 的结晶度非常高，所以导致由此而沉积的 PyC 具有和图 5-19 中完全不同的、各向异性的 RL 结构，因而呈现出不同的消光现象。因此，作者认为，DS 试样的光亮颗粒结构，是典型的粒状粗糙层结构，而 DC、DT 试样中炭纤维和 PyC 结合部位的消光层也是粗糙层（RL）或高织构结构，至于其他部位的 PyC 结构，还需做更多的研究来确定。

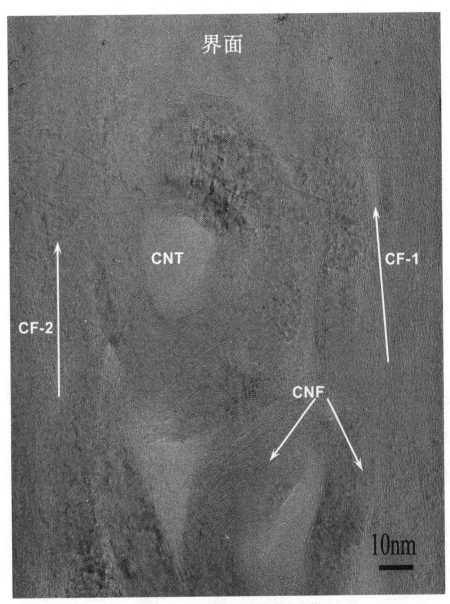

图 5-20　DC 试样的高倍微观形貌

5.6　纳米改性对 PyC 石墨化度的影响

将做偏光观察的上述四个抛光试样，在拉曼光谱仪下显微观察，在每个试样上找到如示意图 5-21 所示的 5 个点，在每个点附近的微区做拉曼光谱分析，分析的拉曼谱线如图 5-22。

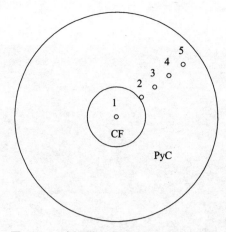

图 5-21　试样微区拉曼光谱分析示意图

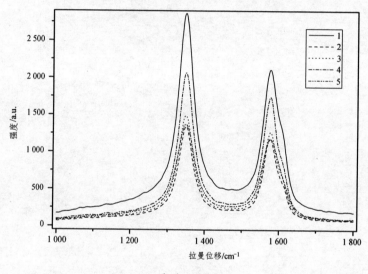

（a）DO

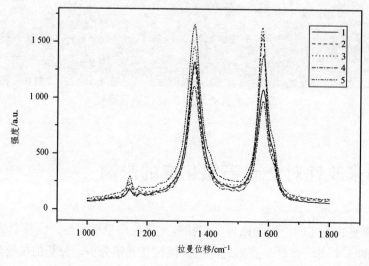

（b）DC

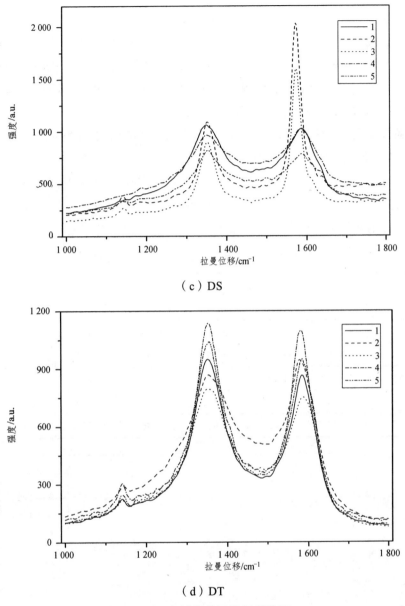

（c）DS

（d）DT

图 5-22　各试样微区拉曼谱线图

　　从不同试样上各点的拉曼谱线来看，CCVD 生长了 NF 的试样有助于 PyC，特别是炭纤维表面的 PyC 提高石墨化度，将由各试样不同点的拉曼谱线的 IG/ID 的值和按公式 $La=\dfrac{4.4}{(ID/IG)}$ 计算的石墨微晶尺寸 La 的值列于表 5-1。并将其变化曲线绘制在图 5-23、5-24 中。可以看出，引入了 NF 后，各点的 IG/ID 值基本上都比对比样 DO 的要高，且靠近炭纤维的 2 点的 IG/ID 值增加最明显，在 DS 试样中达到了 1.9 以上，高出对比样 100%以上，因为 IG/ID 值反应了石墨化度，可见，引入了 NF 对 CVD PyC 的石墨化度有很大影响。从图 5-24 中 La 的变化趋势看，CCVD 原位生长 CNT/CNF 或 SiCNF 改性炭纤维制备的 NF 改性 C/C 复合材料试样,在纤维表层较大范围内都使热解炭石墨层片微晶尺寸增加。

从第 3 章、第 4 章对 CCVD 生长的 CNT/CNF 和 SiCNF 的结构分析来看,这些 NF 的结构缺陷非常少,而纳米材料固有的大的比表面又促使它们成为 PyC 优先沉积的核心,并且沉积的 PyC 的结构具有很大的遗传和依赖性,也具有很高的取向度,石墨化度和较大的晶粒尺寸。因为β-SiC 的晶体结构更加完整,所以会形成更高织构的热解炭,在图 5-18 的 DS 试样中可以看到强的反光特性的颗粒,这些颗粒就是优先在 SiCNF 上沉积的高石墨化度的 PyC,因此,DS 试样纤维周围点的 *IG/ID* 值高达 1.9 以上。

另外,引入了 NF 的试样,在 1 145 cm^{-1} 左右几乎都出现了强度较弱的拉曼峰,Ferrari 等指认为反式聚乙炔(TPA)的振动模,对应 TPA 中的碳-碳单键;也有人将 1 145 cm^{-1} 附近的拉曼峰指认为纳米晶金刚石本征峰,究竟为何者,需要进一步研究才能确定。

表 5-1　各试样不同点的 IG/ID 和 La 的值

dot	DO		DC		DS		DT	
	IG/ID	*La*/nm	*IG/ID*	*La*/nm	*IG/ID*	*La*/nm	*IG/ID*	*La*/nm
1	0.73	3.222	0.81	3.552	0.95	4.167	0.91	4.020
2	0.89	3.910	1.24	5.465	1.93	8.503	1.08	4.767
3	0.87	3.807	1.13	4.986	1.47	6.451	0.96	4.232
4	0.86	3.769	0.88	3.870	1.06	4.641	0.96	4.231
5	0.85	3.753	0.82	3.627	0.96	4.235	0.93	4.113

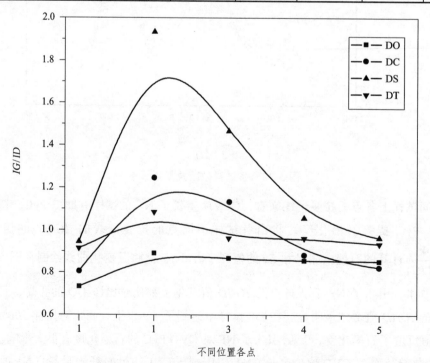

图 5-23　不同试样各点的 IG/ID 值变化曲线

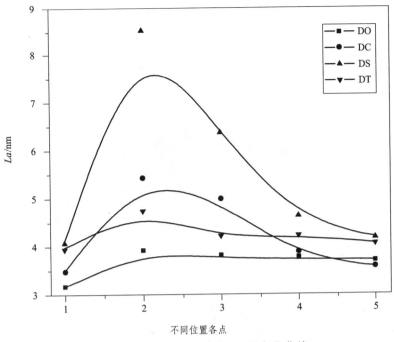

图 5-24　不同试样各点的 La 值变化曲线

5.7　炭纤维与基体之间界面层的形成机理

通过前面对原位生长纳米纤维改性 C/C 复合材料的微结构分析可以知道，原位生长纳米纤维改善 C/C 复合材料微观结构主要是通过诱导 PyC 的沉积。原位生长纳米纤维诱导 PyC 的沉积主要有两个方面，一方面是在生长纳米纤维的过程中，镍催化剂的诱导沉积；另一方面是生长纳米纤维后，纳米纤维本身的诱导作用。由于 CNF 和 SiCNF 本身结构的不同，其诱导机理存在一定的差异。

5.7.1　纳米炭纤维改性 C/C 复合材料界面层的形成机理

CNF-C/C 复合材料中形成了一层由 MT-PyC、CNF 和 HT-PyC 组成的界面层，这层界面层在 CCVD 和 CVI 工艺过程中共同形成。在 CCVD 过程中，炭纤维表面原位生长 CNF，同时在近炭纤维表层形成了 MT-PyC；在 CVI 过程中，CNF 表面诱导形成了 HT-PyC。

图 5-25 所示为 CCVD 过程中，在炭纤维表面原位生长 CNF 和形成 MT-PyC 的示意图。由 3.1 节分析可知 CNF 的生长与镍催化剂颗粒的形貌大小有关。单晶镍颗粒具有优先的析出面，通入烃类气体后，碳原子从镍颗粒表面渗入，并向颗粒内部扩散形成固溶体，当碳原子在镍颗粒中达到饱和后，石墨层便从镍颗粒的固定活性面析出，从而生长出 CNF。但是镍催

化剂在电镀过程中会部分嵌入炭纤维表面，碳原子在镍颗粒中达到饱和后同样从镍颗粒的优先活性面析出，并且将催化剂镍颗粒从炭纤维表面顶出，同时在炭纤维表面张力的作用下，石墨层平行炭纤维表面析出形成 MT-PyC。

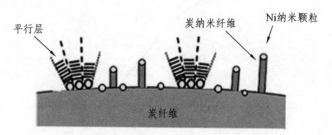

图 5-25　在 CCVD 过程中 CNF 生长和 MT PyC 形成示意图

　　由于 CNF 的特殊结构，在 CVI 过程中影响和诱导热解炭的热解和沉积（如图 5-26 所示）。一方面，CNF 表面形成的共轭π键在 CVI 过程中可通过范德华力吸引相似结构的环状芳香族分子沿着 CNF 表面裂解并定向堆积，形成高度有序的石墨层，即 HT-PyC。另一方面，炭纤维表面生长 CNF 后，增加了预制体的比表面积，增大了中间产物和预制体之间的接触时间和碰撞几率，同时改变了预制体内的孔隙大小和分布，使得 CVI 过程中烃类气体在 CNF 间的渗透和扩散变慢，因此，烃类气体及其反应过程中脱氢、环化后中间产物的扩散也变得缓慢，从而延长了 CVI 过程中烃类气体的滞留时间，有利于热解炭的有效有序沉积。

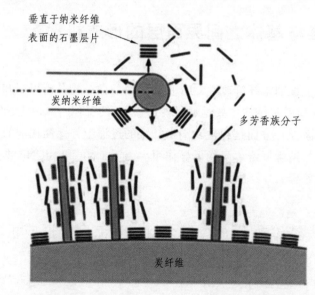

图 5-26　CVI 过程中高织构 PyC 形成示意图

　　在沉积过程中，随着 CNF 表面沉积的 PyC 层加厚，CNF 表面的共轭π键的吸引力逐渐减弱直至消失，此时碳原子在高织构 PyC 表面自由堆积从而形成了低织构 PyC；同时，CNF 引起的比表面积增加对碳原子沉积的影响效果减弱，气相中形成的小直线烃所占的比率又会降回到形成低织构 PyC 的比率，因此在 CNF 表面存在明显的两种结构的 PyC。

5.7.2 纳米碳化硅纤维改性 C/C 复合材料界面层的形成机理

SiCNF-C/C 复合材料中形成的界面层也是在 CCVD 和 CVI 工艺过程中共同形成。与 CNF-C/C 复合材料不同的是，在 CCVD 过程中，炭纤维表面原位生长 SiCNF，同时由于炭纤维表层部分碳原子发生硅化反应形成了 SiC，导致周围碳原子排列更有序；在 CVI 过程中，SiCNF 表面诱导形成了两种不同结构的 PyC。

在 CCVD 过程中，MTS 高温分解形成 SiC 和少量 Si 原子。SiC 吸附在镍颗粒表面，并通过扩散到达镍颗粒的优先析出面后析出形成了 SiCNF。采用电镀法制备的镍颗粒会部分嵌入炭纤维表面，此时，SiC 到达镍颗粒的另一端并析出后，通过从炭纤维皮层顶出镍颗粒而留在炭纤维皮层。同时，Si 原子也会与炭纤维皮层的碳原子发生反应生成 SiC。由于 SiC 层的形成迫使周围的碳原子排列更有序。

在 CCVI 过程中，具有特殊的结构 SiCNF 会影响并诱导 PyC 的沉积，如图 5-27。目前，热解炭的沉积主要区分为化学生长和凝聚或形核。化学生长主要是表面活性位控制过程，通过在芳香碳平面的 ab 方向上消除 C-H 键，烃类气体分子发生化学吸附、表面迁移和脱氢等步骤增加固体表面碳原子的数目。凝聚和形核主要为气相和表面形核控制过程，可以发生在气相，生成聚合芳香化学物，然后通过在基体表面的物理吸附、分子重排和脱氢反应来增加固体表面的碳原子数目；凝聚和形核也可以直接发生在固体表面，在一个被吸附的分子上加成聚合，生成大的芳香化合物，经过分子重排和脱氢生成固体碳。采用丙烯为碳源，在 SiCNF 表面沉积 PyC 时，在开始沉积时，受到 SiCNF 边缘的活性位的影响，热解炭的沉积以化学生长为主，碳原子优先吸附在 SiCNF 表面，并延续 SiCNF 表面形貌，形成的相邻的碳原子层片间具有与 SiCNF 中碳原子层面和硅原子层面之间相同的角度，如图 5-27。随着碳原子继续沉积，SiCNF 表面活性位浓度降低，活性位的吸附作用逐渐减弱，碳原子沉积在 SiCNF 表面的热解炭上，此时，热解炭的沉积以凝聚形核生长为主，其结构受到烃类气体的停留时间影响。由于纳米纤维之间的孔隙多且小，烃类气体的停留时间延长，沉积得到的 HT-PyC。

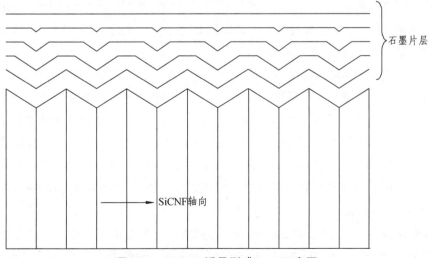

图 5-27 SiCNF 诱导形成 PyC 示意图

综上所述，由于本身结构的差异，CNF 和 SiCNF 诱导形成的热解炭的结构也不同。在 CNF 和 SiCNF 上沉积热解炭，相当于碳原子在平行和垂直芳香碳平面的方向生长。平行芳香碳平面方向的生长要经过 C-H 键的消除和新的 C-C 键的生成，垂直芳香碳平面方向的生长则只有范德华力的作用，不需要化学键的断裂和生成，但需新的形核过程。不同方向的生长，使得近纤维表面的碳原子层片的结构不同，但由于纳米纤维之间的孔隙影响，在纳米纤维表面最终生成了 HT-PyC。

此外，在纳米纤维的形成过程中，都伴随着炭纤维表层结构的变化，即镍颗粒从炭纤维皮层脱出以及炭纤维皮层碳原子更加有序的排列。不同的是，炭纤维皮层碳原子更加有序的排列方式受到不同纳米纤维的影响。CNF 生长过程中，碳原子吸附在镍颗粒内，并不断进入炭纤维皮层，修复炭纤维皮层的结构并逐渐沉积在炭纤维表面形成 MT-PyC；而 SiCNF 生长过程中，碳化硅吸附在镍颗粒内，并不断进入炭纤维皮层，导致碳化硅周围碳原子更加有序地排列。

5.8　本章小结

采用了表面电镀镍、原位 CCVD 生长 CNT/CNF 或 SiCNF 的无纬布，CVD PyC 增密制备了单向 NF 改性 C/C 复合材料，通过对此复合材料及对比试样的 SEM 形貌观察、PyC 结构偏光检测、PyC 微区石墨化度拉曼光谱分析、复合材料试样导热性能测试和力学性能测试与分析，得出如下结论：

（1）引入 CCVD 原位生长、高取向度的 CNT/CNF 或 SiCNF，改变了炭纤维的表面特性，在 CVD 增密过程中，诱导了 PyC 在炭纤维表面沉积生成高织构界面层，拉曼光谱结果显示，炭纤维近表面的 PyC 石墨化度提高，石墨微晶尺寸增加。

（2）纳米纤维的形貌结构受到催化剂镍颗粒的影响。镍颗粒的形貌不同，催化生长出了不同形貌的纳米纤维。单晶镍颗粒催化生长出直 CNF 或层片堆积状 SiCNF；多晶镍颗粒则催化生长出竹节状 CNF 或鳞片螺旋状 SiCNF。

（3）在原位生长纳米纤维过程中，受到部分嵌入炭纤维皮层的镍催化剂颗粒的影响，炭纤维皮层结构也会发生变化。在制备 CNF 时，炭纤维表面沉积了一层中织构热解炭；而在制备 SiCNF 同时，在炭纤维皮层中形成了 SiC 层片，并导致周围的碳原子有序排列。

（4）原位生长纳米纤维后再沉积 PyC，制备出的 NF-C/C 复合材料具有复杂的界面和热解炭结构。在 CNF-C/C 复合材料中，炭纤维与 LT-PyC 之间存在一层由 MT-PyC、CNF 和 HT-PyC 组成的界面层；在 SiCNF-C/C 复合材料中，炭纤维与 LT-PyC 之间存在一层 SiCNF、MT-PyC 和 HT-PyC 组成的界面层。

（5）存在结构差异的 CNF 和 SiCNF 诱导形成的热解炭的结构不同，经相同 PyC 沉积工艺后，在 CNF 表面制备出了 HT-PyC；在 SiCNF 近表面形成的 PyC 延续 SiCNF 的表面形貌，形成了一层很薄的 MT-PyC，并随后沉积中诱导形成了 HT-PyC。

（6）原位生长纳米纤维改变了 C/C 复合材料的结构，从而影响了 C/C 复合材料的石墨化度。在沉积态时，纳米纤维改性 C/C 复合材料在炭纤维皮层、炭纤维与 PyC 的界面处以及 PyC 三个位置的结晶度显著提高；而高温处理后，纳米纤维改性 C/C 复合材料在炭纤维皮层和炭纤维与 PyC 的界面处的石墨化度仍高于未改性 C/C 复合材料，但在 PyC 处的石墨化度低于未改性 C/C 复合材料。这是因纳米纤维的紊乱排列，阻碍了热处理过程中 PyC 中碳原子的重排，从而阻碍了 PyC 的石墨化过程。

6 纳米相增强 C/C 复合材料的力学性能

6.1 引 言

纳米纤维具有高强度高模量，将纳米纤维用于二次增强复合材料，可以提高复合材料的力学性能。本章通过测试纳米纤维改性 C/C 复合材料的硬度、弯曲强度、压缩强度、层间剪切强度和冲击韧性，研究了纳米纤维改性 C/C 复合材料的力学性能，探讨纳米纤维改性对 C/C 复合材料的增强增韧机理；通过建立模型估算不同纳米纤维含量改性 C/C 复合材料的强度和模量，研究了纳米纤维含量对 C/C 复合材料力学性能的影响。

6.2 纳米纤维改性 C/C 复合材料的力学性能

6.2.1 硬 度

由于 C/C 复合材料为多相非匀质复合材料，其硬度与炭纤维和基体炭的弹性模量、屈服强度、抗拉强度等力学性能有关。本节采用显微硬度计测试了纳米纤维改性 C/C 复合材料的表观硬度，并通过纳米压痕硬度计测试复合材料中炭纤维、界面和基体炭的硬度，探讨纳米纤维改性对 C/C 复合材料中炭纤维、界面及基体炭硬度的影响，并以界面硬度来衡量界面力学性能。

1. 表观硬度

图 6-1 所示为 C/C、CNF-C/C 和 SiCNF-C/C 三种复合材料的表观硬度值。从图 6-1 中可以明显看出，纳米纤维改性后，三种材料的表观硬度明显增大，尤其是 SiCNF 改性。根据第 3 章结构分析可知，纳米纤维改性诱导热解炭沉积形成 RL 结构热解炭。根据文献报道，在相同条件下，SL 结构热解炭的表观硬度高于 RL 结构热解炭的表观硬度。从热解炭的结构变化分析，材料的硬度应该降低，但实际上材料的硬度却明显提高，这是因为纳米纤维改性后，改变了热解炭的生长方向，形成了纳米纤维增强热解炭纳米复合结构，由这种复合结构形成的基体其硬度远大于 SL 结构热解炭（见图 6-2）。原位生长纳米纤维，不仅热解炭的结构发生了变化，炭纤维的皮层结构和炭纤维与热解炭之间的界面结构也发生变化，纳米纤维还影

响复合材料内孔隙的大小和分布的。这些结构上的变化都会导致 C/C 复合材料的表观硬度的提高。此外，从图 6-1 中的误差范围也可以看出，纳米纤维改性后复合材料的硬度值分布更为广泛，其原因是纳米纤维改性 C/C 复合材料中各相的硬度差值增大，分布不均匀，导致了复合材料在不同位置测试时表现出更加明显的硬度差异。

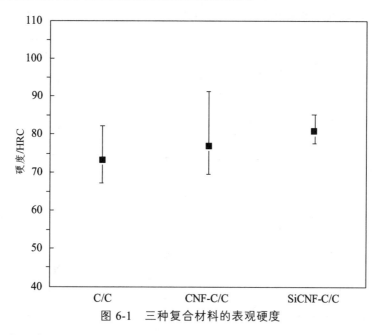

图 6-1　三种复合材料的表观硬度

2. 纳米压痕硬度

C/C 复合材料由炭纤维和基体炭组成，炭纤维和基体炭的性能存在很大的差异，表观硬度不能真实反应纳米纤维对 C/C 复合材料硬度的影响。为了进一步分析纳米纤维的影响，将采用纳米压痕硬度计测试材料中的每一相的硬度。此外，根据文献报道，采用纳米压痕测试炭纤维与基体炭之间的界面处的硬度和弹性模量可以表征界面的结合强度。本实验采用纳米压痕分别测试了炭纤维、界面和热解炭的纳米硬度，研究了纳米纤维改性对炭纤维、界面和热解炭的性能影响。

图 6-2 所示为 C/C、CNF-C/C 和 SiCNF-C/C 复合材料中炭纤维、界面和热解炭的显微硬度和杨氏模量。从图 6-2（a）中可以清楚看到，C/C 复合材料中，炭纤维和热解炭的硬度相当，而界面的硬度相对较小；而 CNF-C/C 复合材料中，界面的硬度和炭纤维相对，而热解炭的硬度明显高于炭纤维；对 SiCNF-C/C 复合材料，热解炭和界面的硬度均高于炭纤维的硬度。从图 6-2（a）中还可以看出纳米纤维改性后复合材料炭纤维、界面和热解炭的硬度都提高了，特别是界面区域和热解炭。这是因为原位生长纳米纤维诱导热解炭的沉积，并形成了由纳米纤维和中、高织构热解炭组成的界面层，从而提高了界面区域的显微硬度。其次，纳米纤维本身的硬度很高，远高于光滑层热解炭，因此，由纳米纤维增强粗糙层结构的热解炭的硬度高于 SL 结构热解炭。而炭纤维显微硬度的提高是由于原位生长纳米纤维改善了炭纤维皮层

的碳原子排列，但不同的纳米纤维对炭纤维皮层结构的影响不同。原位生长 CNF 时，除了炭纤维皮层的碳原子排列变化，还在炭纤维表面沉积了一层中织构热解炭，从而进一步提高了炭纤维的显微硬度；而原位生长 SiCNF 则不仅 SiC 通过在镍颗粒内的扩散进入炭纤维皮层，同时炭纤维皮层碳原子还发生硅化反应，在炭纤维皮层内出现了硬度较高的碳化硅，因此，原位生长 SiCNF 后炭纤维的显微硬度提高更为显著。

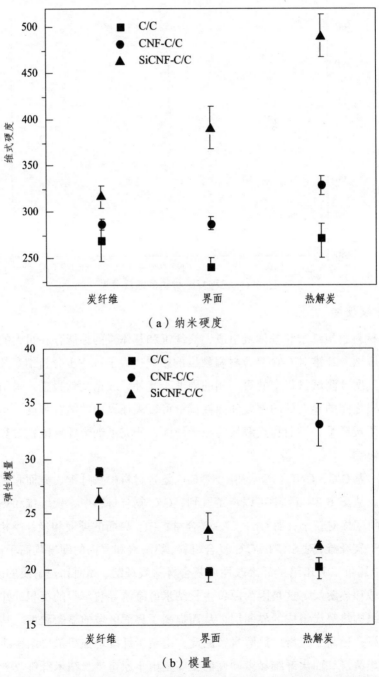

（a）纳米硬度

（b）模量

图 6-2　三种复合材料中炭纤维、界面和热解炭的纳米硬度和模量

从图 6-2（b）中可以看出，对 C/C 复合材料，炭纤维的弹性模量较大，界面处的弹性模量最小；对 CNF-C/C 复合材料，炭纤维和热解炭的弹性模量相当，而界面处的弹性模量较小；而 SiCNF-C/C 复合材料，炭纤维的弹性模量最大，热解炭的弹性模量最小。从图 6-2（b）中还可以看出，不同纳米纤维改性对炭纤维、界面和基体的弹性模量的影响不同。纳米炭纤维改性提高了炭纤维、界面和基体三者的弹性模量；SiCNF 改性提高了界面和基体的弹性模量，但降低了炭纤维的弹性模量。弹性模量代表原子间的结合力，原子结合能和配位数越高、键长越小，则弹性模量越大。采用不同纳米纤维改性时，对炭纤维、界面和热解炭的结构影响不同。

（1）纳米纤维改性对炭纤维弹性模量的影响。采用 CNF 改性时，一方面，电镀过程中的镍颗粒向炭纤维内扩散导致炭纤维皮层的碳原子重排，形成更加有序的结构；另一方面，CCVD 过程中的镍颗粒向炭纤维外扩散还吸附了碳源气体分解的碳原子，修复炭纤维的皮层结构；镍颗粒的内扩散和外扩散最终导致炭纤维皮层的结构更完整，即微晶尺寸 L_c 增大，面间距 d_{002} 减小，更多的碳原子以 C＝C 键结合，提高了碳原子之间的结合能，因而炭纤维的弹性模量增大。SiCNF 改性时，除了镍颗粒的内扩散引起的导致碳原子重排外，在镍颗粒外扩散还引入了 SiC，同时 MTS 分解出的 Si 原子也会与炭纤维皮层的碳原子反应生成 SiC，增大了原子键长（Si-C 键长 1.87 Å，C-C 键长 1.55Å，C＝C 键长 1.34 Å），降低了原子之间的结合能，从而导致炭纤维的弹性模量降低。

（2）纳米纤维改性对界面弹性模量的影响。CNF 改性导致炭纤维与基体之间形成了一层由 MT-PyC、CNF 和 HT-PyC 组成的界面层，由于 CNF 排列混乱，增加了界面面积，提高了界面的结晶度，从而提高了界面的弹性模量。SiCNF 改性后在炭纤维与基体之间也形成了一层由 SiCNF、MT-PyC 和 HT-PyC 组成的界面层，提高了界面的弹性模量，但由于 SiCNF 的弹性模量小于 CNF，因此，SiCNF 对界面的影响没有 CNF 明显。

（3）纳米纤维改性对基体弹性模量的影响。在 C/C 复合材料中，热解炭主要以 LT-PyC 存在，纳米纤维改性后，先诱导热解炭的沉积，形成了与炭纤维轴向垂直的 HT-PyC，然后再随后的沉积中形成与炭纤维轴向平行的 LT-PyC。由于 HT-PyC 的弹性模量大于 LT-PyC 的弹性模量[219]，因此，纳米纤维改性提高了基体的弹性模量。

综述所述，原位生长纳米纤维导致 C/C 复合材料微结构的变化，直接影响了复合材料的力学性能，从而导致了硬度和弹性模量的变化。相对 CNF 改性，SiCNF 改性对 C/C 复合材料硬度的影响更加显著，但对 C/C 复合材料弹性模量的提高却不明显。这是因为 SiCNF 为金刚石结构，具有很高的硬度，而 CNF 为石墨结构，其硬度低于 SiCNF，但弹性模量高于 SiCNF，因此，SiCNF 改性 C/C 复合材料的硬度明显提高，而对弹性模量的提高没有 CNF 明显。

6.2.2　弯曲性能

图 6-3 所示为 C/C、CNF-C/C 和 SiCNF-C/C 三种复合材料的弯曲性能。从图 6-3 中可以明显看出纳米纤维改性后 C/C 复合材料在垂直和平行炭纤维轴向方向的弯曲强度都提高了，尤其是平行炭纤维方向。相对于 C/C 复合材料，在垂直炭纤维方向，CNF-C/C 复合材料的弯

曲强度提高了 42%，而 SiCNF-C/C 复合材料则只提高了 20%；在平行炭纤维方向，CNF-C/C 复合材料的弯曲强度提高了 58%，SiCNF-C/C 复合材料提高了 47%。CNF 和 SiCNF 改性都提高了 C/C 复合材料的弯曲强度，但 CNF 改性对 C/C 复合材料弯曲强度的影响更为明显。

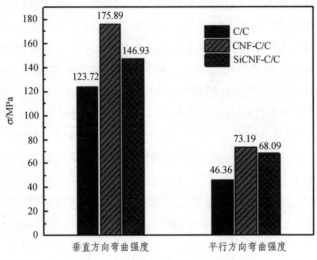

图 6-3　三种复合材料的弯曲性能

图 6-4 所示为 C/C、CNF-C/C 和 SiCNF-C/C 三种复合材料的弯曲载荷-位移曲线。从图 6-4 中可以明显看出三种复合材料的弯曲载荷-位移曲线相似，在达到最大载荷前，载荷-位移呈非线性上升，达到最大载荷后，曲线呈波折起伏下降。但纳米纤维改性后，复合材料在垂直和平行炭纤维方向的最大弯曲载荷都提高了，尤其是平行炭纤维方向。此外，从弯曲载荷-位移曲线还可以看出，材料的弹性模量的变化。在垂直炭纤维方向，纳米纤维改性后复合材料的弯曲弹性模量提高了，尤其是 SiCNF 改性；在平行炭纤维方向，纳米纤维改性后复合材料的弯曲弹性模量反而降低了，尤其是 CNF 改性。

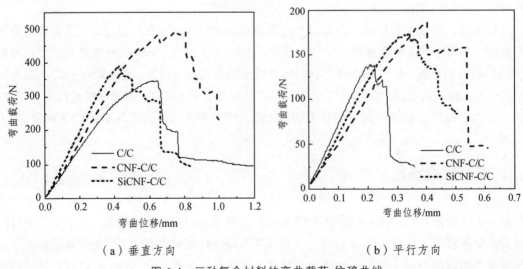

（a）垂直方向　　　　　　　　　　（b）平行方向

图 6-4　三种复合材料的弯曲载荷-位移曲线

有研究者认为，C/C 复合材料的弯曲破坏从微观力学的角度看，裂纹的扩展要经历基体开裂、纤维-基体脱粘、裂纹桥接及纤维摩阻、纤维断裂以及纤维拔出五个步骤。纳米纤维改性后，改善了热解炭的结构，形成了纳米纤维增强热解炭复合结构。这种以纳米纤维增强热解炭复合结构形成的基体，由于纳米纤维的高强度高模量将导致热解炭中的裂纹被偏转或吸收，从而提高了基体强度和模量。当纳米纤维被拔出或者断裂后，裂纹会继续扩散到炭纤维和基体之间的界面层。由于纳米纤维改性导致炭纤维与基体之间的界面结合较好，裂纹尖端的应力集中将导致炭纤维的脆性断裂。对于 CNF-C/C 复合材料，由于炭纤维表面形成了一层 MT-PyC，这一薄层热解炭会进一步消耗或吸收裂纹扩散的能量，从而进一步提高了材料的强度和模量。因此，CNF-C/C 复合材料的弯曲强度高于 SiCNF-C/C 复合材料。

纳米纤维改性对 C/C 复合材料在不同方向上的弹性模量的变化则与复合材料结构中的石墨微晶尺寸和排列方向有关。对于石墨结构的材料，碳原子用 sp^2 杂化轨道与相邻的三个碳原子以 σ 键相结合，形成正六角形的平面层状结构，平面结构的层与层之间则依靠分子间作用力结合起来。另外，根据广义胡克定律可知，沿着原子最密排方向的弹性模量最高，而沿着原子排列最疏方向的弹性模量最低。因此，石墨结构材料在不同方向上的弹性模量不同，在垂直碳原子层面方向的弹性模量小，而平行碳原子层面方向的弹性模量大。由于纳米纤维改性后，诱导热解炭形成与炭纤维垂直的 HT-PyC，从而提高了在垂直炭纤维方向弹性模量，降低了平行方向的弹性模量。

6.2.3　层间剪切性能

对于一维和二维 C/C 复合材料，层间剪切性能可以反映炭纤维和基体炭之间的界面结合力或基体本身抵抗裂纹扩展的能力。但在本实验中，采用针刺整体毡制备了 2.5 维结构的 C/C 复合材料，其垂直炭纤维方向存在一定的短纤维。由于短纤维含量非常少，并且三种材料的预制体结构完全一样，因此层间剪切性能在一定程度上还是能反映材料的界面结合强度。

图 6-5 所示为 C/C、CNF-C/C 和 SiCNF-C/C 三种复合材料的层间剪切性能。从图 6-5 中可以看出纳米纤维改性后 C/C 复合材料的层间剪切强度都显著提高，尤其是 CNF 改性。CNF 和 SiCNF 改性后 C/C 复合材料的层间剪切强度分别提高了 78% 和 60%。根据第 3 章对材料结构的分析可知，原位生长纳米纤维后，在炭纤维与 LT-PyC 之间形成了一层由纳米纤维、MT-PyC 和 HT-PyC 组成的界面层，改善了炭纤维与 LT-PyC，从而提高了材料的层间剪切性能。此外，原位生长纳米纤维诱导热解炭沉积，提高了基体本身抵抗裂纹扩展的能力，进一步提高了 C/C 复合材料的层间剪切强度。

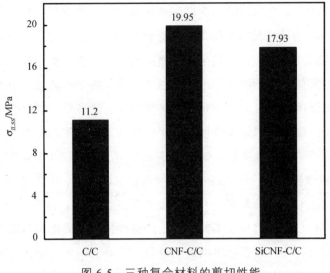

图 6-5　三种复合材料的剪切性能

6.2.4　压缩性能

图 6-6 所示为 C/C、CNF-C/C 和 SiCNF-C/C 三种复合材料的压缩性能。从图 6-6 中可以明显看出纳米纤维改性后 C/C 复合材料在垂直和平行炭纤维方向的压缩强度都明显提高，尤其是垂直炭纤维方向。相对于 C/C 复合材料，在垂直炭纤维方向，CNF-C/C 复合材料的压缩强度提高了 84%，而 SiCNF-C/C 复合材料则提高了 69%；在平行炭纤维方向，CNF-C/C 复合材料的压缩强度提高了 53%，SiCNF-C/C 复合材料提高了 52%。不同纳米纤维，对 C/C 复合材料的压缩强度的影响也不同，相对 SiCNF，CNF 改性后 C/C 复合材料的压力强度提高更为显著。

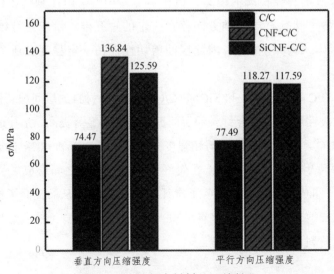

图 6-6　三种复合材料的压缩性能

图 6-7 所示为 C/C、CNF-C/C 和 SiCNF-C/C 三种复合材料的压缩载荷-位移曲线。三种复合材料的弯曲载荷-位移曲线相似，在达到最大载荷前，载荷-位移呈非线性上升，达到最大载荷后，材料发生明显地脆性断裂。纳米纤维改性后，复合材料在垂直和平行炭纤维方向的最大弯曲载荷都提高了，尤其是垂直炭纤维方向。此外，在垂直炭纤维方向，纳米纤维改性后复合材料开始受到压力时，随着压力增大，材料出现明显地弹性形变，其弹性模量远大于 C/C 复合材料；在平行炭纤维方向，纳米纤维改性对 C/C 复合材料的弹性模量没有明显地变化。

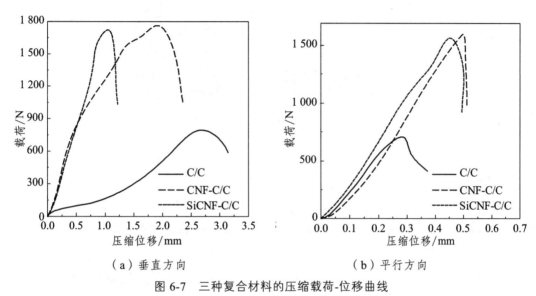

（a）垂直方向　　　　　　　　　　（b）平行方向

图 6-7　三种复合材料的压缩载荷-位移曲线

6.2.5　冲击韧性

作为结构功能材料，C/C 复合材料在使用过程中，往往会受到冲击载荷的作用。材料在冲击载荷下表现出来的力学性能明显不同于静态和准静态情况。因此，有必要研究纳米纤维改性对 C/C 复合材料在冲击载荷作用下的力学性能的影响。

图 6-8 所示为 C/C、CNF-C/C 和 SiCNF-C/C 三种复合材料的冲击韧性。从图 6-8 中可以明显看出纳米纤维改性后复合材料在平行和垂直炭纤维方向的冲击韧性显著提高，尤其是垂直方向。相对于 C/C 复合材料，在垂直炭纤维方向，CNF-C/C 复合材料的冲击韧性提高了 23%，而 SiCNF-C/C 复合材料则提高了 200%；在平行炭纤维方向，CNF-C/C 复合材料的冲击韧性提高了 33%，SiCNF-C/C 复合材料提高了 43%。此外，相对于 CNF 改性，SiCNF 改性对提高 C/C 复合材料冲击韧性的效果较好。

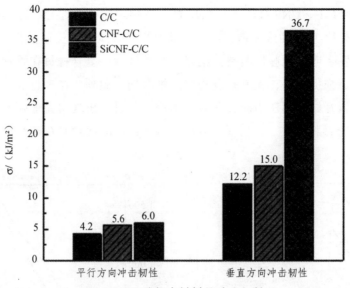

图 6-8　三种复合材料的冲击韧性

一般来说，硬度、强度和弹性模量是影响材料冲击韧性的重要因素。材料的硬度越大，在受到冲击时对弹性材料的磨损程度越剧烈，会导致弹性材料的失效和形态的变化，从而有效提高了材料的抗冲击性能。只有当冲击力达到材料的强度时，才会发生损伤和失效等行为，因此，具有较高强度的材料将有良好的冲击性能。材料的弹性模量则影响着应力波在材料中的传播速度，从而影响材料在受冲击过程中的损伤破坏形式。根据前面分析可知，纳米纤维改性后，材料的硬度和强度都有显著提高，从而改善了 C/C 复合材料的冲击韧性。

6.3　纳米纤维含量对 C/C 复合材料力学性能的影响

纳米纤维的含量影响 C/C 复合材料中的不同结构热解炭的比例以及孔隙大小和分布，从而影响复合材料的力学性能。对于不同纳米纤维，由于结构和性能的不同，其含量不同对 C/C 复合材料的影响也不同。从前面的分析中可知，由于采用准三维 C/C 复合材料，在垂直和平行炭纤维方向都存在不同方向的炭纤维，为了直观地表现纳米纤维含量对 C/C 复合材料力学性能的影响，本节采用无纬布为预制体，制备了单向纳米纤维改性 C/C 复合材料，研究不同含量的纳米纤维对 C/C 复合材料力学性能的影响。

6.3.1　纳米炭纤维含量对 C/C 复合材料力学性能的影响

图 6-9 所示为 CNF 含量不同时 CNF-C/C 复合材料的弯曲和压缩性能。从图 6-9 中可以明

显看出不同含量的 CNF 改性后 C/C 复合材料的弯曲和压缩性能都提高了。这说明原位生长 CNF 可以改善 C/C 复合材料的力学性能。从图 6-9 中还可以明显看出,随着 CNF 含量的变化, C/C 复合材料的力学性能经历一个先升高后降低的过程。此外，相对于垂直纤维方向，原位生长 CNF 后 C/C 复合材料的弯曲性能和压缩性能在平行炭纤维方向的提高更为显著。在平行纤维轴方向，当 CNF 含量为 3wt%时，相对于纯 C/C 复合材料，原位生长 CNF 改性后 C/C 复合材料的弯曲强度和压缩强度分别提高了 220%和 190%；在垂直纤维轴向方向，当 CNF 含量为 5wt%时，其弯曲强度和压缩强度分别提高了 54%和 37%。

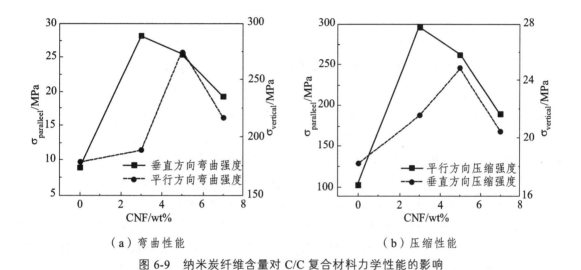

（a）弯曲性能　　　　　　　　　　（b）压缩性能

图 6-9　纳米炭纤维含量对 C/C 复合材料力学性能的影响

6.3.2　纳米碳化硅纤维含量对 C/C 复合材料力学性能的影响

图 6-10 所示为 SiCNF 含量不同时 SiCNF-C/C 复合材料的弯曲和压缩性能。从图 6-10 中可以明显看出随着 SiCNF 含量的变化，SiCNF-C/C 复合材料的力学性能经历一个先升高后降低的过程，出现一个峰值。不同的方向 SiCNF-C/C 复合材料的压缩性能不同，在平行纤维方向，当 SiCNF 含量为 5wt%时具有最大的压缩强度;而在垂直纤维方向，当 SiCNF 含量为 9wt%时具有最大的压缩强度。相对于垂直纤维方向，原位生长 CNF 后 C/C 复合材料的弯曲性能在平行炭纤维方向的提高更为显著。当 SiCNF 含量为 9%时，相对于纯 C/C 复合材料，原位生长 CNF 改性后 C/C 复合材料在平行纤维轴方向的弯曲强度和压缩强度分别提高了 243%和 217%;其在垂直纤维轴向方向的弯曲强度和压缩强度分别提高了 42%和 55%。综合考虑不同方向的弯曲和压缩性能可知，当 SiCNF 含量为 9wt%时，SiCNF-C/C 复合材料具有最佳的弯曲性能。

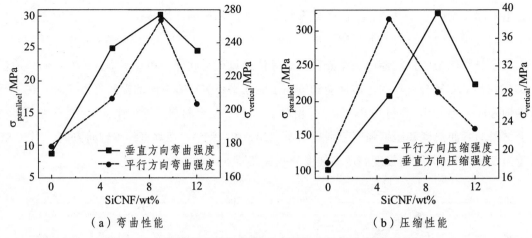

（a）弯曲性能   （b）压缩性能

图 6-10   纳米碳化硅纤维含量对 C/C 复合材料力学性能的影响

综上所述，原位生长纳米纤维后 C/C 复合材料在垂直和平行炭纤维方向的弯曲强度都明显提高了。这说明原位生长纳米纤维可以改善 C/C 复合材料的力学性能。但 C/C 复合材料的力学性能随纳米纤维含量的增加先增大后减小，出现了一个峰值。适量的纳米纤维可以改善基体炭的性能，并与基体炭在炭纤维周围形成纳米纤维增强热解炭复合结构，从而提高了基体的力学性能。但纳米纤维含量过量时，相邻的炭纤维表面的 CNF 形成了错综复杂的"桥梁"，这些桥梁阻碍了基体的变形，反而使得复合材料的强度降低。

此外，纳米纤维对复合材料力学性能在不同方向具有不同的影响效果。在平行纤维轴方向，炭纤维只起微弱的增强作用而且增强效果弯曲依赖于炭纤维与基体炭的界面结合程度，复合材料的强度主要与基体炭的强度和界面结合状态有关。原位生长纳米纤维后，改善了基体炭与炭纤维的界面，显著提高了复合材料的强度。而在垂直纤维方向，载荷主要由炭纤维和基体共同承担，此时，垂直弯曲强度主要取决于炭纤维强度。即使原位生长纳米纤维改善了热解炭的结构，提高了 C/C 复合材料的力学性能，但纳米纤维的增强效果相对并不十分明显。

6.4   纳米纤维改性对 C/C 复合材料力学性能的影响机理

图 6-11 为 C/C、CNF-C/C 和 SiCNF-C/C 三种复合材料垂直纤维断口的 SEM 形貌。从图 6-11（a）中可以看出，C/C 复合材料的失效以炭纤维的拔出为主，炭纤维周围的基体大部分脱落，热解炭的断口平整，炭纤维表面沉积的热解炭分层明显，说明加载形成的裂纹首先引起了基体的破坏，由于基体与纤维界面处结合较弱，存在大量的界面裂纹，基体裂纹扩散至界面时沿界面裂开导致纤维拔出。NF 改性后，NF-C/C 复合材料断口形貌发生明显变化。对 CNF-C/C 复合材料[见图 6-11（b）]，以 CNF 拔出为主，炭纤维沿着界面直接断裂，断口粗糙，成台阶状，炭纤维与热解炭界面模糊。SiCNF-C/C 复合材料的断口同样粗糙，沿着破坏

方向呈台阶状，炭纤维沿着界面断裂，由 SiCNF 和热解炭形成的颗粒明显被拔出，如图 6-11（c）所示。

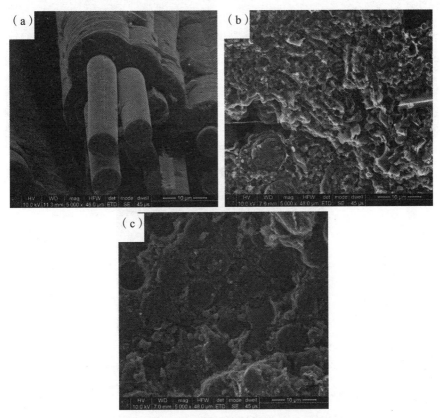

图 6-11　三种复合材料垂直炭纤维轴向的断口形貌
（a）C/C；（b）CNF-C/C；（c）SiCNF-C/C 复合材料

图 6-12 为 C/C、CNF-C/C 和 SiCNF-C/C 三种复合材料在平行纤维方向的断口形貌。从图 6-12 中可以看出，在平行纤维方向，三种复合材料的断裂方式主要为纤维之间 PyC 的断裂。对 C/C 复合材料，断口光滑，裂纹沿着热解炭层片扩展，导致垂直层面的断裂。而 NF-C/C 复合材料的断口粗糙，存在许多细小的热解炭碎片，在 SiCNF-C/C 复合材料断口还可以明显看到裂纹沿着相邻炭纤维之间台阶状扩展。

CNF 和 SiCNF 改性 C/C 复合材料的断口形貌相似，都以纳米纤维和热解炭组成的颗粒拔出为主，炭纤维沿界面断裂。这是因为纳米纤维改性后，一方面基体炭从简单的光滑层热解炭转变为纳米纤维增强粗糙层热解炭复合结构，基体炭本身强度提高，另一方面，纤维与基体炭界面结合状态优化，形成多结构组成的复合界面层，无界面裂纹，在纤维拔出过程中能有效的调节复合材料内部的应力分布，缓解裂纹端部的应力集中达到增韧的效果。

对 C/C 复合材料，由于炭纤维和基体炭的各向异性，在不同的方向，原位生长纳米纤维对其破坏模式的影响不一样。

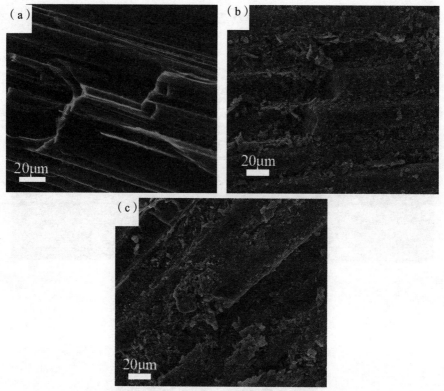

图 6-12　三种复合材料平行炭纤维轴向的断口形貌
（a）C/C；（b）CNF-C/C；（c）SiCNF-C/C 复合材料

1. 平行于纤维轴向的断裂

对于 C/C 复合材料，其应力-应变曲线按其变形过程可以分为三个过程。随着载荷的增加，基体开始发生塑性变形，基体中的裂纹产生并扩展，此时，炭纤维仍是弹性变形；继续增大外加载荷后，基体中裂纹迅速扩展，当裂纹尖端到达炭纤维/热解炭界面后，由于界面存在明显的界面裂纹，材料直接沿炭纤维/热解炭界面撕开，发生脆性断裂，如图 6-13 所示。

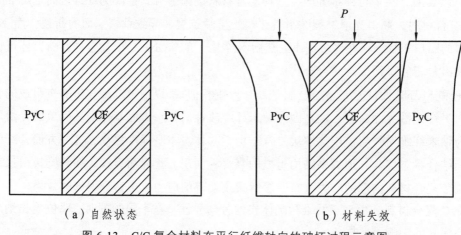

（a）自然状态　　　　　　　　　　（b）材料失效
图 6-13　C/C 复合材料在平行纤维轴向的破坏过程示意图

与 C/C 复合材料相比，NF-C/C 复合材料平行纤维方向的破坏过程分为四个阶段。第一阶段，基体炭和炭纤维弹性变形；第二阶段，NF 增强 PyC 界面层弹性变形阶段；第三阶段，NF 强化 PyC 基体的黏弹性变形阶段；第四阶段为以后为材料的脆性断裂阶段。

第一阶段，外加载荷较小，NF-C/C 复合材料的曲线斜率与 C/C 基本相近，略有增大。在这个阶段，平行纤维方向的变形主要依赖于 PyC 基体的弹性变形，NF 改性后，由纳米纤维和热解炭组成的基体本身强度增加，提高了基体的弹性形变能力。

第二阶段，随着外加载荷的增大，热解炭基体变形逐渐增大，达到临界后，载荷传递到炭纤维与热解炭的界面层。从材料的结构分析可知，界面层由炭纤维表面原位生长的 NF，HT-PyC 和 MT-PyC 组成。其中 HT-PyC 结构致密，少裂纹，且界面层中存在大量 NF 与 HT-PyC 的微界面。弯曲过程中基体炭内部产生的内应力和微裂纹在传递扩展到这层 NF 和 HT-PyC 组成的界面层后，被大量微界面吸收或发生偏转，降低了微裂纹的扩展速度，释放了材料内部的内应力，如图 6-14 所示；另一方面，NF 本身结构特殊，具有很高的强度和模量，垂直于炭纤维表面生长的 NF 能很好的传递和承受外部载荷，材料变形难度更大。

第三阶段，随着外加载荷的继续增加，外加载荷已超过 NF 强化的 HT-PyC 基体的弹性极限，基体中产生的大量裂纹在扩展过程中先到达炭纤维与热解炭之间的界面层。该界面层中，NF 垂直于载荷方向，且存在大量 CNF 与 HT-PyC 的微界面，当裂纹尖端达到这些微界面后，材料通过该微界面的脱粘、NF 的拔出以及 NF 之间的搭桥等机制来吸收能量，达到增强的效果，如图 6-14（c）所示。

第四阶段，当外加载荷继续增大，裂纹大量产生并迅速扩展，达到材料的强度极限后，通过炭纤维的拔出，断裂最终失效，发生脆性断裂。

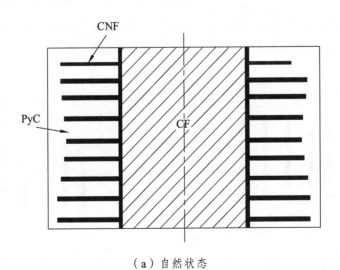

（a）自然状态

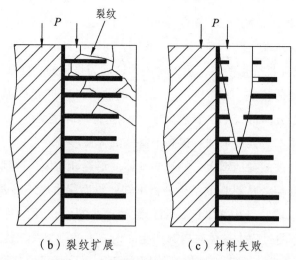

（b）裂纹扩展　　　　　（c）材料失败

图 6-14　CNF-C/C 复合材料在平行纤维轴向的破坏过程示意图

2. 垂直炭纤维方向

对于 C/C 复合材料，其破坏过程依旧可以分为三个阶段。开始加载时，基体炭和炭纤维均处于弹性变形阶段；随着载荷的增加，基体开始发生塑性变形，基体中的裂纹产生并扩展，此时，炭纤维仍是弹性变形；继续增大外加载荷后，基体中裂纹迅速扩展，当裂纹尖端到达炭纤维表面后，炭纤维发生脆性。

对 NF-C/C 复合材料（见图 6-15），其破坏过程可分为四个阶段。开始加载时，炭纤维和基体都处于弹性变形阶段，由于原位生长纳米纤维形成了高织构热解炭，导致热解炭弹性形变增大，同时，纳米纤维的轴向垂直外加载荷，从而提高了开始加载时复合材料的弹性模量。随着外加载荷的增大，热解炭开始发生塑性变形，热解炭中产生裂纹，此时，炭纤维和纳米纤维仍为弹性变形。外加载荷继续增大，热解炭中的裂纹快速生长并扩展，当裂纹尖端达到纳米纤维/热解炭的界面时，被吸收或发生偏转，直到 CNF/热解炭界面被撕开。进一步增大外加载荷，裂纹逐渐扩展到炭纤维表面，使得炭纤维发生脆性断裂，材料破坏。

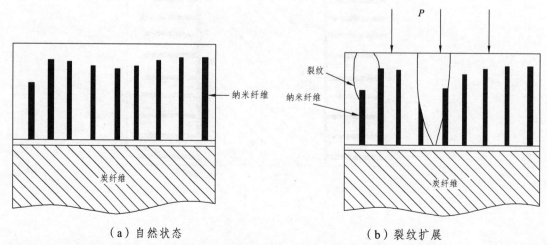

（a）自然状态　　　　　　　　　　（b）裂纹扩展

图 6-15　NF-C/C 复合材料在垂直炭纤维轴向的破坏过程示意图

综上所述，纳米纤维与热解炭形成"纳米复合结构"，这种纳米复合结构充当基体，与炭纤维形成复合材料。这种多次复合的材料具有较高的强度和模量。此外，原位生长纳米纤维后，以纳米复合材料形成的基体与炭纤维形成了较好的界面，从而进一步提高了材料的力学性能。

6.5　纳米纤维改性 C/C 复合材料的单层板结构模型

为了解释纳米纤维对 C/C 复合材料力学性能的影响，采用单向复合材料单层板模型来模拟纳米纤维改性 C/C 复合材料的应力应变分布和弹性模量变化。对单向 C/C 复合材料，其单层板力学模型如图 6-16 所示。

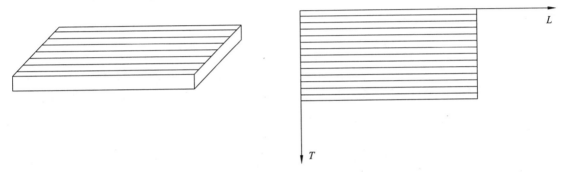

图 6-16　单向 C/C 复合材料平板模型

根据广义胡克定律可知，单层复合材料的应力与应变的关系如公式（6-1）所示：

$$\begin{bmatrix} \varepsilon_L \\ \varepsilon_T \\ \gamma_{LT} \end{bmatrix} = \begin{bmatrix} S_{11} & S_{12} & 0 \\ S_{12} & S_{22} & 0 \\ 0 & 0 & S_{66} \end{bmatrix} \begin{bmatrix} \sigma_L \\ \sigma_T \\ \tau_{LT} \end{bmatrix} \tag{6-1}$$

式中，S_{ij} 为材料的柔度；$S_{11} = \dfrac{1}{E_L}$；$S_{22} = \dfrac{1}{E_T}$；$S_{12} = S_{21} = -\dfrac{\nu_{12}}{E_L}$；$S_{66} = \dfrac{1}{G_{LT}}$；$E_L$ 为单层的面内拉弹性模量；E_T 为单层的面内压弹性模量；ν_{LT} 和 ν_{TL} 为面内泊松比；G_{LT} 为面内剪切弹性模量。

对 C/C 复合材料，这五个常数为工程弹性常数，可分别根据公式（6-2）、（6-3）、（6-4）和 6-5 计算：

$$E_L = E_F V_F + E_M V_M \tag{6-2}$$

$$E_T = \frac{E_F E_M}{V_M E_F + V_F E_M} \tag{6-3}$$

$$G_{LT} = \frac{G_F G_M}{V_M G_F + V_F G_M} \qquad\qquad (6\text{-}4)$$

$$\nu_{LT} = \nu_F V_F + \nu_M V_M \qquad\qquad (6\text{-}5)$$

式中，V_F 和 V_M 为炭纤维和基体炭的体积含量，$V_F + V_M = 1$；E_F 和 E_M 分别对应炭纤维和基体炭的拉弹性模量；ν_F 和 ν_M 分别对应炭纤维和基体的泊松比。

对于 NF-C/C 复合材料，假设纳米纤维垂直炭纤维线性生长，并连接了相邻的炭纤维，并假设炭纤维不存在性能差异，在不考虑孔隙的影响时，其单层板模型如图 6-17 所示。

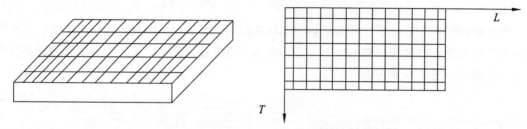

图 6-17 单向 NF-C/C 复合材料平板模型

相对于 C/C 复合材料，除了长炭纤维，还存在垂直炭纤维方向的纳米纤维，对于由纳米纤维和热解炭形成的基体，其工程弹性常数可根据公式（6-6）、（6-7）、（6-8）和（6-9）计算：

$$E_{ML} = E_{NF} V_{NF} + E_M V_M \qquad\qquad (6\text{-}6)$$

$$E_{MT} = \frac{E_{NF} E_M}{V_M E_{NF} + V_{NF} E_M} \qquad\qquad (6\text{-}7)$$

$$G_{MLT} = \frac{G_{NF} E_M}{V_M G_{NF} + V_{NF} G_M} \qquad\qquad (6\text{-}8)$$

$$\nu_{MLT} = \nu_{NF} V_{NF} + \nu_M V_M \qquad\qquad (6\text{-}9)$$

式中，V_{NF} 为纳米纤维的体积分数，$V_F + V_M + V_{NF} = 1$；E_{NF} 和 ν_{NF} 为纳米纤维弹性模量和泊松比。将公式（6-5）、（6-6）和（6-7）分别代入公式（6-2）、（6-3）和（6-4），可以计算出 NF-C/C 复合材料的工程弹性常数，如公式（6-10）、（6-11）、（6-12）和（6-13）。

$$E_L = E_F V_F + E_{NF} V_{NF} + E_M V_M \qquad\qquad (6\text{-}10)$$

$$E_T = \frac{E_F E_M E_{NF}}{V_F E_M E_{NF} + (V_{NF} + V_M)(V_M E_{NF} + V_{NF} E_M) E_F} \qquad\qquad (6\text{-}11)$$

$$G_{LT} = \frac{G_F G_M G_{NF}}{V_F G_M G_{NF} + (V_{NF} + V_M)(V_M G_{NF} + V_{NF} G_M) G_F} \qquad\qquad (6\text{-}12)$$

$$\nu_{LT} = \nu_F V_F + \nu_M V_M (V_M + V_{NF}) + \nu_{NF} V_{NF} (V_M + V_{NF}) \qquad\qquad (6\text{-}13)$$

对比 C/C 和 NF-C/C 复合材料的工程弹性常数的计算公式可知，当炭纤维含量相同时，

由于 $E_{NF} \gg E_M$，随着纳米纤维含量的提高，即 V_{NF} 增大，材料的工程弹性常数增大，从而提高了材料整体承受外加载荷的能力。但是纳米纤维含量提高时，基体炭的含量下降，将导致炭纤维和纳米纤维不能很好地结合在一起，反而降低了复合材料的性能。因此，通过控制纳米纤维的含量来调节复合材料的力学性能，实现 C/C 复合材料的性能可控性。

公式（6-10）、（6-11）、（6-12）和（6-13）给出了 CNF 长度和方向一致，并垂直炭纤维表面生长时单层 NF-C/C 复合材料的工程弹性常数。在实际材料中，通常会根据使用要求来设计材料的结构，因此，要考虑更多的影响因素。此外，材料的孔隙也对材料的力学性能有重要的影响。本节给出的公式只是证明了纳米纤维改性的作用，估算纳米纤维含量的影响，但对于纳米纤维改性后 C/C 复合材料的强度计算还需要根据具体情况进一步的研究。

6.6   本章小结

（1）纳米纤维改性后 C/C 复合材料中炭纤维、界面和热解炭的显微硬度都提高了，特别是界面区域和热解炭，从而导致 C/C 复合材料表现出更高的表观硬度。相对 CNF 改性，SiCNF 改性对 C/C 复合材料硬度的影响更加显著。

（2）相对于 C/C 复合材料，在垂直炭纤维方向，CNF-C/C 复合材料的弯曲强度、压缩强度和冲击韧性分别提高了 42%、84% 和 23%，而 SiCNF-C/C 复合材料则分别提高了 20%、69% 和 200%；在平行炭纤维方向，CNF-C/C 复合材料的弯曲强度、压缩强度和冲击韧性分别提高了 58%、53% 和 33%，SiCNF-C/C 复合材料则分别提高了 47%、52% 和 43%。CNF 和 SiCNF 改性后复合材料的层间剪切强度分别提高了 78% 和 60%。

（3）纳米纤维改性后，基体从简单的光滑层热解炭转变为纳米纤维增强粗糙层热解炭的复合结构从而提高了基体强度，纤维与基体之间形成了多结构组成的复合界面层，导致 C/C 复合材料力学性能显著提高。

（4）纳米纤维改性导致热解炭中的石墨层片由平行炭纤维轴向转变为垂直炭纤维，从而对 C/C 复合材料在不同方向上的力学性能的影响不同。相对于平行炭纤维轴向方向，纳米纤维改性后 C/C 复合材料在垂直轴向方向的力学性能提高更为显著。

（5）随着纳米纤维含量的增大，纳米纤维改性 C/C 复合材料的力学性能先提高后降低。当 CNF 含量为 5wt% 或 SiCNF 含量为 9wt% 时，NF-C/C 复合材料具有最佳的力学性能。

（6）采用单向复合材料单层模型计算了纳米纤维改性 C/C 复合材料的强度和模量，证实了纳米纤维改性可以提高 C/C 复合材料的力学性能，并可以通过该模型估算不同纳米纤维含量的 C/C 复合材料的力学性能。

7　纳米相增强 C/C 复合材料的导热性能

7.1　引　言

C/C 复合材料作为摩擦材料，在摩擦过程中产生大量的热能，导致摩擦材料温度的升高。随着温度的升高，摩擦表面会发生氧化反应等变化，导致摩擦磨损性能的变化。因此，研究 C/C 复合材料的导热性能具有重要的意义。

固体材料中存在两种导热机制，即电子导热和声子导热。电子导热是通过电子漂移来实现的，主要发生在金属材料。而非金属材料，导热是通过晶格振动来实现的，即声子导热。由声子导热控制的材料的导热系数λ可以通过 Debye 方程计算：

$$\lambda = k \cdot c \cdot v \cdot l \tag{7-1}$$

式中，k 为常数；c 为单位体积比热容；v 为声子速度；l 为声子平均自由程。

声子散射存在两种机制，一种是声子之间的互相碰撞，另一种是声子与晶格缺陷、晶界之间的碰撞。在 C/C 复合材料中，碳原子大多以 sp^2 杂化模式存在，这种模式使得不同方向上相邻的碳原子形成具有不同几率的声子碰撞，从而具有不同的导热性能[224]。例如，理想的石墨晶体中层平面内的导热率和垂直方向的导热率完全不同，在层平面内的导热率在 300 K 时为 19.5 W/(cm·K)，约为铜或银的四倍，而垂直方向则为平行方向的 1/400，仅为 0.057 W/(cm·K)。此外，在 C/C 复合材料中，热解炭为乱层结构或介于乱层结构和石墨晶体结构之间的过渡型炭，存在许多缺陷和晶界。这些缺陷和晶界影响着声子散射，导致材料导热系数的差异。从第 3 章可知，纳米纤维改性影响了 CVI 过程中热解炭的沉积，导致热解炭的微观结构及热解炭/炭纤维的界面状态的变化。因此，原位生长纳米纤维必将影响其导热性能。

本章主要研究纳米纤维改性 C/C 复合材料的导热性能及其影响因素，探讨了 CNF 和 SiCNF 对 C/C 复合材料导热机制的影响，并通过建立单向纳米纤维改性 C/C 复合材料的导热模型，深入分析了纳米纤维改性 C/C 复合材料的热传递机理。

7.2　原位生长纳米纤维改性 C/C 复合材料的导热性能

表 7-1 显示了 C/C、CNF-C/C 和 SiCNF-C/C 三种复合材料的导热性能。由表 7-1 可知，

纳米纤维改性 C/C 复合材料在平行和垂直炭纤维排列方向的导热系数均提高了，但不同的纳米纤维对复合材料在不同方向上的导热性能的影响效果不同。对于 CNF-C/C 复合材料，在垂直纤维炭排列方向的导热系数是 C/C 复合材料的 1.75 倍，而在平行炭纤维排列方向为 C/C 复合材料的 1.78 倍。SiCNF-C/C 复合材料的导热系数在垂直方向为 C/C 复合材料的 2.15 倍，而平行方向为 C/C 复合材料的 1.19 倍。对 CNF 改性，相对垂直炭纤维方向，C/C 复合材料在平行炭纤维方向的导热性能提高更为显著；而对 SiCNF 改性，相对平行炭纤维方向，C/C 复合材料在垂直炭纤维方向的导热性能提高更为显著。

表 7-1　纳米纤维改性后 C/C 复合材料沉积态（1 000 ℃）的导热性能

样品	密度/（g/cm³）	开孔率/%	热扩散系数/(cm²/s)		导热系数/[W/(m·K)]	
			⊥	//	⊥	//
C/C	1.75	7.73	0.020	0.057	2.334	6.652
CNF-C/C	1.76	8.13	0.035	0.093	4.085	11.854
SiCNF-C/C	1.72	9.65	0.043	0.068	5.018	7.936

对同一种纳米纤维，纳米纤维本身的结构差异将导致导热性能在不同方向上的差异，从而对 C/C 复合材料在不同方向的导热性能的提高效果不同。

对 CNF-C/C 复合材料，由于 CNF 的结构导致 CNF 在垂直和平行 CNF 轴向的导热性能不同。CNF 在平行 CNF 方向（由于 CNF 垂直炭纤维轴向生长，平行 CNF 方向即垂直炭纤维轴向）具有极佳的导热性能，而在垂直 CNF 轴向（平行炭纤维轴向）的热导率相对较低，因此，CNF 对提高 C/C 复合材料在垂直炭纤维轴向的导热性能的提高更为有效。此外，原位生长 CNF 时，在炭纤维表面形成一层 MT-PyC，MT-PyC 有利于平行炭纤维方向的热传导，但阻碍了垂直炭纤维方向的热传导，因而 MT-PyC 对 C/C 复合材料在不同方向上的导热性能的影响具有和 CNF 改性相反的效果。在 MT-PyC 和 CNF 的综合影响下，通过控制 MT-PyC 的厚度和 CNF 的含量，可以控制 CNF 改性对 C/C 复合材料在不同方向上的导热性能。

SiCNF 为立方结构，具有较高的导热性能，且其导热性能在不同方向上的差异并不大。因此，SiCNF 通过改变基体炭与炭纤维之间的相对位置来影响 C/C 复合材料在不同方向上的导热性能。在垂直炭纤维轴向，基体为主要导热通道。SiCNF 改性 C/C 复合材料的基体为 SiCNF 增强热解炭复合结构，覆盖在 SiCNF 表面的热解炭为 MT-PyC 和 HT-PyC，这两种结构的热解炭在平行石墨层片方向具有较高的导热率，进一步提高了复合材料的导热性能。而平行炭纤维方向，炭纤维和基体炭为主要的导热通道。原位生长 SiCNF 改善了炭纤维的皮层结构，提高了炭纤维的导热性能。但由于 SiCNF 诱导形成了与炭纤维垂直的热解炭，反而降低了热解炭在平行纤维方向的导热性能。在炭纤维、SiCNF 和热解炭三者的综合影响下，SiCNF 改性 C/C 复合材料在平行方向的导热性能提高不明显。

表 7-2 显示了经 2 500 ℃ 石墨化处理后 C/C、CNF-C/C 和 SiCNF-C/C 复合材料的性能。对比表 7-1 和表 7-2 可知，经 2 500 ℃ 石墨化处理后，三种复合材料的密度均降低，开孔隙率提高，同时，石墨化度提高（没有石墨化时，材料的石墨化度极低，无法用 XRD 测试）。在石墨化处理过程中，去除了复合材料中的杂质，同时导致碳原子的重排，从而降低了密度，提高了石墨化度，从而提高了复合材料的导热性能。

表 7-2　纳米纤维改性后 C/C 复合材料的导热性能（2 500 ℃ 石墨化）

样品	密度/（g/cm³）	开孔率/%	石墨化度/%	热扩散系数/（cm²/s）		导热系数/[W/（m·K）]	
				⊥	∥	⊥	∥
C/C	1.68	11.5	42.7	0.24	0.59	28.01	68.85
CNF-C/C	1.67	11.8	52.7	0.30	1.05	35.65	124.78
SiCNF-C/C	1.65	12.6	65.5	0.52	0.72	61.42	85.56

从表 7-2 中还可以看出，在相同的石墨化温度下，纳米纤维改性有利于 C/C 复合材料的石墨化，提高了 C/C 复合材料在平行和垂直炭纤维方向的导热系数。但不同纳米纤维，复合材料在不同的方向的影响效果不同。对于 CNF-C/C 复合材料，在垂直炭纤维方向的导热系数是 C/C 复合材料的 1.27 倍，而在平行方向为 C/C 复合材料的 1.81 倍。对 SiCNF-C/C 复合材料，垂直方向的导热系数为 C/C 复合材料的 2.19 倍，而平行方向为 C/C 复合材料的 1.24 倍。

由表 7-1 和表 7-2 可知，预制体上原位生长纳米纤维能明显提高 C/C 复合材料的导热性能，但不同的纳米纤维对 C/C 复合材料在不同方向上的导热性能影响不同。相对于平行方向的导热性能，CNF 对 C/C 复合材料在垂直方向的导热性能的影响更为明显；相对于垂直方向的导热性能，SiCNF 对 C/C 复合材料在平行方向的导热性能的影响更为明显。

在平行炭纤维方向，C/C 复合材料的导热主要是依赖于炭纤维和基体炭。原位生长纳米纤维，改善了炭纤维皮层的结构，提高了炭纤维的导热性能。同时，纳米纤维诱导热解炭的沉积，改变了基体炭的结构，形成了纳米纤维增强热解炭复合材料，提高了基体的导热性能。此外，相对 SiCNF 改性，CNF 改性在炭纤维表面形成了一层 MT-PyC，MT-PyC 有利于热平行炭纤维方向的热传递，进一步提高了 C/C 复合材料平行方向的导热性能。

在垂直炭纤维排列方向，C/C 复合材料的主要导热通道为基体炭，同时受到炭纤维与基体之间的界面影响。在 C/C 复合材料，其基体为单一的热解炭；而纳米纤维改性 C/C 复合材料中的基体为纳米纤维增强热解炭复合结构。由于纳米纤维垂直炭纤维轴向生长，因而纳米纤维改性提高了 C/C 复合材料的导热性能。但相对 SiCNF 改性，CNF 改性在炭纤维表面形成的 MT-PyC 阻碍了热的传导，导致 CNF 改性对 C/C 复合材料在垂直炭纤维方向的导热性能的提高效果不如 SiCNF。

7.3 纳米纤维含量对 C/C 复合材料导热性能的影响

纳米纤维含量的不同,导致纳米纤维表面沉积的 HT-PyC 的含量变化;同时,纳米纤维本身就具有高的导热性能,其含量的不同直接影响到复合材料的导热性能。在制备的催化剂含量相同,沉积工艺相同时,获得了 CNF 和 SiCNF 含量不同。本小节通过研究纳米纤维的含量不同时 NF-C/C 复合材料的导热性能,为摩擦试验时选择样品中的纳米纤维含量作为参考。

7.3.1 纳米炭纤维含量对 C/C 复合材料导热性能的影响

图 7-1 所示为 NF-C/C 复合材料的热扩散系数随 CNF 含量变化曲线。从图 7-1 中可以看出,不同 CNF 含量的 CNF-C/C 复合材料的热扩散系数在平行和垂直炭纤维方向均高于 C/C 复合材料。随着 CNF 含量的提高,CNF-C/C 复合材料的热扩散系数先增大后减小。在 CNF 含量为 5wt%时,CNF-C/C 复合材料在垂直炭纤维方向具有最大的热扩散系数;而在 CNF 含量为 3wt%时,CNF-C/C 复合材料在平行炭纤维方向具有最大的热扩散系数。CNF 含量对 C/C 复合材料在不同方向上导热性能的影响,进一步反映了 CNF 及 MT-PyC 对 C/C 复合材料在不同方向上的导热性能的影响。

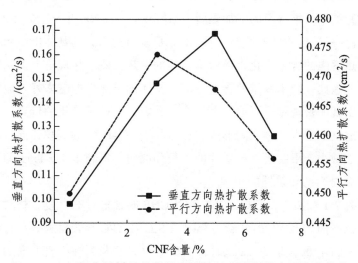

图 7-1　C/C 复合材料的热扩散系数随纳米炭纤维含量变化曲线

7.3.2 纳米碳化硅纤维含量对 C/C 复合材料导热性能的影响

图 7-2 所示为 C/C 复合材料的热扩散系数随 SiCNF 含量变化曲线。从图 7-2 中可以看

出，不同 SiCNF 含量的 SiCNF-C/C 复合材料的热扩散系数在平行和垂直炭纤维方向均高于 C/C 复合材料。随着 SiCNF 含量的提高，SiCNF -C/C 复合材料的热扩散先增大后减小。在 SiCNF 含量为 9 wt%时，SiCNF-C/C 复合材料在垂直和平行炭纤维方向均具有最大的热扩散系数。

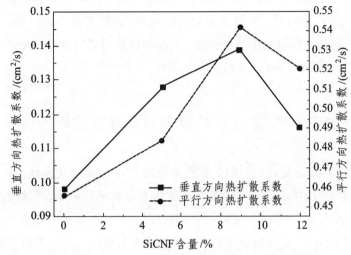

图 7-2　C/C 复合材料的热扩散系数随纳米碳化硅纤维含量变化曲线

综合不同 CNF 和 SiCNF 含量的 C/C 复合材料热扩散系数变化可以发现，不同 NF 含量的 NF-C/C 复合材料的热扩散系数始终大于 C/C 复合材料的热扩散系数，但 NF-C/C 复合材料的热扩散系数随着纳米纤维含量的增加先增大后降低，在 CNF 为 5wt%、SiCNF 为 9wt%时，NF-C/C 复合材料具有最佳的导热性能。对 NF-C/C 复合材料，其基体由纳米纤维和热解炭组成，纳米纤维和热解炭的含量变化直接影响基体的导热性能。从理论上说，纳米纤维的导热性能优于热解炭，因此，纳米纤维的含量越高，基体的导热性能越来好。但实际上，过量的纳米纤维之间易出现团聚现象，形成许多闭合的孔隙，阻碍了热流的传导，减低了材料的导热性能。此外，适量的纳米纤维之间形成的孔隙利于 HT-PyC 的沉积，但过量的纳米纤维之间形成的孔隙过于微小，限制了石墨层片的生长和取向，不利于 HT-PyC 的形成，从而进一步降低了 C/C 复合材料的导热性能。

此外，对比图 7-1 和图 7-2 可知，CNF 和 SiCNF 的含量对 C/C 复合材料在不同方向上的导热性能的影响也不同。SiCNF 的含量为 9wt%，SiCNF-C/C 复合材料在平行和垂直方向的导热性能均为最佳；CNF 的含量为 5wt%时，CNF-C/C 复合材料在垂直方向的导热性能最佳，而在 CNF 含量为 3wt%时，CNF-C/C 复合材料在平行方向的导热性能最佳。这种方向上的差异与两种纳米纤维及改性后 C/C 复合材料的界面结构有关。SiCNF 改性后，炭纤维皮层形成的 SiC 在垂直和平行纤维方向上的导热性能一致；而 CNF 改性形成的 MT-PyC 在不同方向的导热性能不同。MT-PyC 提高了平行方向的热传导，但阻碍了垂直纤维方向的热传导，因此，CNF 改性 C/C 复合材料在不同方向上的导热性能取最佳值时，CNF 的含量不同。

7.4　纳米纤维对 C/C 复合材料导热性能的影响机理

在相同预制体上，经过热解炭沉积工艺制备出的 C/C、CNF-C/C 和 SiCNF-C/C 复合材料，其导热性能存在如此明显的差异，仅仅是因为原位生长了纳米纤维以及由此产生的结构变化。范敏霞等国内外研究者对由不同织构热解炭形成的 C/C 复合材料的导热系数进行了深入研究，认为 HT-PyC 的导热性能高于 LT-PyC。由三种复合材料的微观结构分析（见第 3 章）可知，原位生长纳米纤维诱导热解炭的沉积，形成了 HT-PyC，同时改善了炭纤维与热解炭之间的界面。此外，纳米纤维本身具有高的导热性能。因此，原位生长纳米纤维有利于 C/C 复合材料的导热性能。

不同的纳米纤维对 C/C 复合材料在不同的方向上的导热性能的影响不同，这是因为炭纤维、热解炭和纳米纤维具有极强的各向异性，在不同方向时具有不同的导热性能。原位生长纳米纤维改性改变了热解炭与炭纤维之间的方向。在 C/C 复合材料中，热解炭围绕炭纤维轴向生长；而纳米纤维改性后，热解炭优先沉积在纳米纤维表面，即垂直炭纤维轴向生长。这些结构的改变，将影响其导热性能。

为了解释纳米纤维对导热性能的影响，假设纳米纤维垂直炭纤维直线生长，并连接了相邻的炭纤维，并假设改性前后炭纤维不存在导热性能的差异，在不考虑孔隙的影响时，其在平行和垂直炭纤维轴向的导热理想模型分别如图 7-3 和图 7-4 所示。

1. 平行炭纤维方向

C/C 复合材料中[见图 7-3（a）]，热解炭的层片平行于炭纤维轴向生长，在此方向，热解炭的导热性能与热解炭的石墨层片的大小及数量以及缺陷有关。

NF 复合材料中，热解炭围绕 NF 的轴向生长，即垂直于炭纤维的轴向[见图 7-3（b）]。此时，NF-C/C 导热性能与垂直炭纤维方向的包裹着 NF 的热解炭有关。而 NF 结构的不同，其导热性能也不同。原位生长 CNF 时[见图 7-3（c）]，CNF 由平行 CNF 轴向的结晶完整的石墨层片组成，从石墨层片方向的导热上说，CNF 在垂直方向的导热性能较平行方向小。实际上 CNF 为一维纳米材料，具有纳米材料特殊的高导热性能。原位生长 SiCNF 时，由于 SiCNF 为 β-SiC（见第 3 章），属于立方晶系，其在各个方向的导热性能是一致的，具有极优的导热性能。而覆盖在纳米纤维表面的热解炭的导热性能同样具有方向性。在平行炭纤维方向，由于纳米纤维改性后热解炭垂直炭纤维，此时，热解炭的导热为垂直石墨层片方向上的导热，相对未改性 C/C 复合材料中热解炭在平行石墨层片方向上的导热较小，热解炭中石墨层片方向的改变阻碍了复合材料的导热；而垂直纤维方向，则与之相反。因此，纳米纤维改性后，由于热解炭和 NF 对导热性能的作用相反，材料的导热性能与热解炭和 NF 的含量以及作用大小有关。

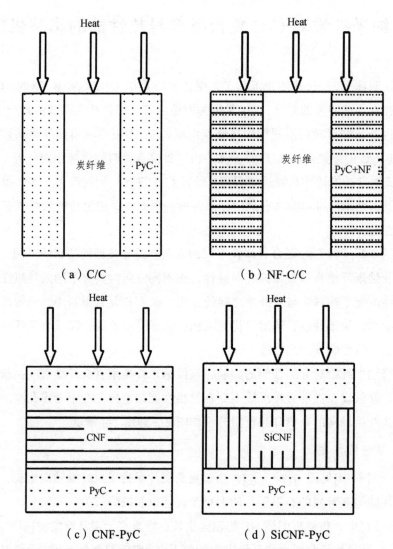

图 7-3　纳米纤维对复合材料在平行纤维轴向的导热性能影响示意图

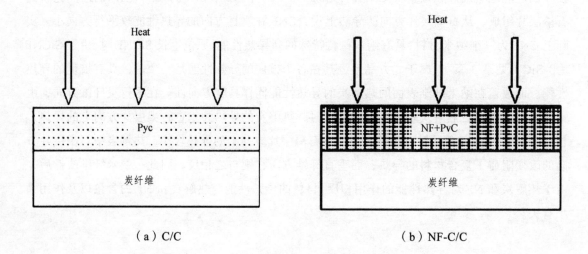

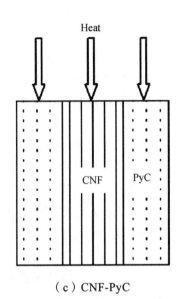
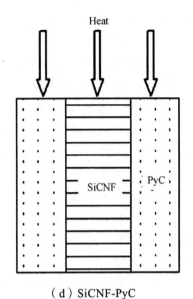

（c）CNF-PyC　　　　　　　　　　（d）SiCNF-PyC

图 7-4　纳米纤维对复合材料在平行炭纤维轴向的导热性能影响示意图

2. 垂直炭纤维方向

对 C/C 复合材料，由于基体炭的石墨层片垂直于炭纤维轴向，材料的导热性能与基体炭的层间间距有关。

NF-C/C 复合材料中[见图 7-4（b）]，垂直炭纤维方向的热流是通过 NF 和热解炭传递到炭纤维表面，由于 NF 具有较高的导热性能，并且垂直炭纤维轴向生长，因而提高了复合材料的导热性能。此外，热解炭围绕 NF 生长，即热解炭的层平面平行导热方向，由于石墨微晶结构更完整，微晶尺寸 Lc 增大，面间距 d_{002} 减小，所以声子平均自由程增大，相对于未改性 C/C 复合材料中热解炭的石墨层片垂直导热方向，围绕 NF 生长的热解炭进一步提高了材料的导热性能。

当纳米纤维与炭纤维成一定角度时（见图 7-5），热解炭在平行方向和垂直方向的热扩散系数可以分别通过公式 7-1 和 7-2 计算，并将这种情况命名为理想角度模式。

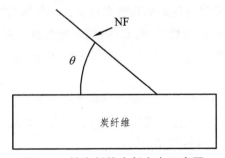

图 7-5　纳米纤维生长方向示意图

$$\lambda'_{\Pi} = \lambda_{\perp} \cos\theta + \lambda_{\Pi} \sin\theta \qquad\qquad (7-1)$$

$$\lambda'_{\perp} = \lambda_{\perp} \sin\theta + \lambda_{\Pi} \cos\theta \qquad\qquad (7-2)$$

式中，λ'_Π 和 $\lambda'_\perp$ 分别为纳米纤维与炭纤维成一定角度时热解炭在平行垂直方向的热扩散系数；$\lambda_\perp$ 和 λ_Π 为理想模式下热解炭平行方向的热扩散系数；θ 为纳米纤维与炭纤维之间的角度。

综合平行和垂直炭纤维方向的导热可知，纳米纤维的最主要作用是改变了基体炭的层片方向，从而改变了材料的导热性能。在本实验中，虽然纳米纤维围绕炭纤维生长，但其生长方向与炭纤维表面之间的角度是随机的，因此，真实情况时，基体炭在平行和垂直炭纤维的导热性能是理想角度模式时概率统计值。

对由针刺炭毡制备的复合材料，在平行炭纤维方向，由于无纬布的叠加方式为一层 0°，一层 90°，因此，其平行炭纤维方向的热扩散系数为垂直和平行炭纤维轴向的累加；而垂直炭纤维方向的热扩散系数仅为平行炭纤维轴向的累加。因此，NF 含量对材料导热性能在平行和垂直炭纤维方向的影响不同。例如，CNF 含量为 5%时 CNF-C/C 复合材料在垂直炭纤维方向具有最大的热扩散系数，而在 CNF 含量为 3%时，CNF-C/C 复合材料在平行炭纤维方向具有最大的热扩散系数。

原位生长纳米纤维还会引起炭纤维表面形貌的变化，从而改变炭纤维的导热性能。例如原位生长 CNF 时，在炭纤维表面沉积了一层中织构的热解炭，且中织构的热解炭的层平面平行于炭纤维，改善了复合材料的导热性能。

此外，孔隙的存在也是影响材料导热性能的因素。纳米纤维将会影响复合材料中孔隙的孔隙大小及分布。从第 3 章可知，原位生长 CNF 后，改变了预制体中孔隙大小和分布，从而影响了最终复合材料中的孔隙大小和分布。此外，从 7.2 节中可知，NF-C/C 复合材料的开孔孔隙率高于 C/C 复合材料，这些孔隙的变化也影响了 C/C 复合材料的导热性能。

7.5 本章小结

（1）纳米纤维改性后 C/C 复合材料在平行和垂直炭纤维方向的导热系数均提高了，但不同的纳米纤维对 C/C 复合材料的导热性能影响不同。相对平行炭纤维排列方向，CNF 改性对 C/C 复合材料在垂直方向的导热性能的提高更为显著；相对垂直方向，SiCNF 改性则更明显提高了 C/C 复合材料平行方向的导热性能。此外，纳米纤维的含量变化引起纳米纤维改性 C/C 复合材料的导热性能波动。在 CNF 含量为 5wt%和 SiCNF 含量为 9wt%时，NF-C/C 复合材料具有最佳导热性能。

（2）纳米纤维本身具有高导热性能，并诱导热解炭的沉积，形成了具有较高导热性能的高织构热解炭，改善了炭纤维与基体炭之间的界面，同时，改变了 C/C 复合材料中的孔隙大小和分布，从而提高 C/C 复合材料的导热性能。

（3）原位生长纳米纤维改变了热解炭的生长方向，导致热解炭中的石墨层片不再平行于炭纤维轴向，从而改变了不同方向上的 C/C 复合材料导热性能。相对于 SiCNF，CNF 改性还在炭纤维表面形成了一层 MT-PyC，有利于 C/C 复合材料在平行炭纤维方向的导热，但阻碍了垂直炭纤维方向的导热，进一步影响了 CNF-C/C 复合材料在不同方向的导热性能。

8 纳米相增强 C/C 复合材料的氧化性能

8.1 引 言

尽管 C/C 复合材料具有诸多优点,但 C/C 复合材料应用时大都处于氧化气氛中,在 400 °C 就开始氧化,出现明显的氧化失重,导致 C/C 复合材料性能迅速下降,尤其是力学性能,从而降低了复合材料的使用寿命、也制约了复合材料的进一步广泛应用。

研究者们对 C/C 复合材料的氧化行为进行了大量的研究工作,提出了 C/C 复合材料的氧化模型。C/C 复合材料的氧化主要有两种模式,即氧化动力学模式和扩散模式。在氧化动力学模式下,复合材料的氧化从炭纤维与基体的界面开始;而在扩散模式下,复合材料的氧化从材料的表面和孔隙开始。因此,当 C/C 复合材料的比表面积和孔隙率一定时,炭纤维与基体之间的界面结合状态良好有利于复合材料的抗氧化。

目前,关于采用界面改性来改善 C/C 复合材料的氧化性能的研究报道很多,主要有两个方法,一是在炭纤维表面涂覆富硼沉积物,这些沉积物可以和氧反应生成玻璃态的 B_2O_3 膜,从而阻止氧进入 C/C 复合材料中易受损的界面区;另一种方法是在基体中添加阻氧成分和陶瓷微粉,其目的是降低基体的氧化活性。通过第 3 章的分析可知,纳米纤维改性后,在炭纤维与热解炭之间形成了由纳米纤维、MT-PyC 和 HT-PyC 组成的界面层,同时炭纤维周围的 PyC 由 LT-PyC 转变成由纳米纤维和 HT-PyC 组成的纳米复合结构。这些结构的变化可能影响到 C/C 复合材料的氧化性能,而目前没有关于 CNF 或 SiCNF 改性 C/C 复合材料氧化性能方面的报道。

本章通过非等温热重分析和等温氧化失重等测试手段,研究了 CNF 和 SiCNF 两种纳米纤维改性炭纤维及 C/C 复合材料的氧化性能,并与 C/C 复合材料的氧化性能进行对比,进一步探讨纳米纤维改性对 C/C 复合材料氧化性能影响的原因及氧化机理。此外,还研究了纳米纤维改性 C/C 复合材料材料在短时间氧化后的力学性能变化。

8.2 纳米纤维改性后炭纤维的 TG-DSC 分析

原位生长纳米纤维后,炭纤维的比表面积、表面微结构和活性都发生了变化,因此有必要首先研究纳米纤维改性炭纤维的氧化性能。根据前面对复合材料导热和力学性能的分析,可知 CNF 为 5wt%、SiCNF 为 9wt%时，NF-C/C 复合材料的导热性能和力学性能最优。因此在本节中，主要选择 CNF 含量为 5wt%和 SiCNF 含量为 9wt%时的纳米纤维改性炭纤维为研究对象。

图 8-1 所示分别为炭纤维、CNF 改性炭纤维和 SiCNF 改性炭纤维的 TG-DSC 曲线。由图 8-1 中的 TG 曲线可知，未改性炭纤维在 541 °C 后开始产生明显的氧化失重，在 820 °C 后曲线逐渐趋于稳定，失重率达 99.3%。CNF 改性后的炭纤维在 531 °C 后开始产生明显的氧化失重，在 760 °C 后失重率达到 94.8%。这是由于 CNF 改性后，炭纤维表面比表面积增大，活性点增多，炭纤维的氧化加剧，从而加快了炭纤维的氧化速率。SiCNF 改性后的炭纤维则在 546 °C 后开始明显氧化，在 780 °C 时氧化失重率为 73.5%。由于 SiCNF 的氧化是增重反应，其生成物 SiO_2 为玻璃态，导致完全氧化后残留质量较大。

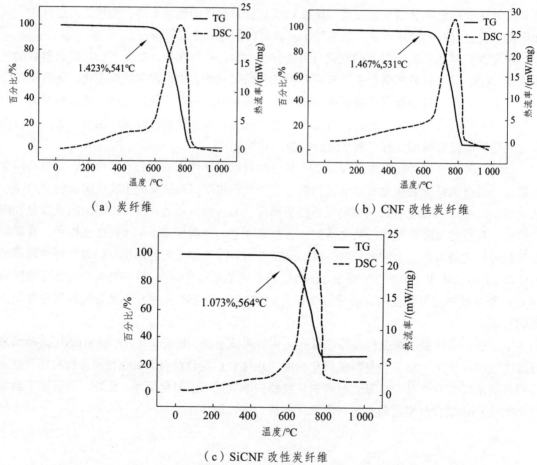

（a）炭纤维　　　　　　　　　　　（b）CNF 改性炭纤维

（c）SiCNF 改性炭纤维

图 8-1　纳米纤维改性后炭纤维的 TG-DSC 分析曲线

从图 8-1 中的 DSC 曲线可以看出，未改性炭纤维在 760 °C 左右出现明显的吸热峰，是炭纤维急剧氧化的温度点。CNF 和 SiCNF 改性炭纤维的吸热峰分别在 710 °C 和 740 °C 左右，其急剧氧化的温度点相对未改性炭纤维较低。相对 CNF 改性炭纤维，SiCNF 改性炭纤维的急剧氧化温度点略有提高。

TG-DSC 曲线结果表明，CNF 改性炭纤维的氧化起始温度降低，氧化速率加快，不利于炭纤维的抗氧化性能。SiCNF 改性炭纤维的氧化起始温度略有提高，其氧化速率比未改性的炭纤维较慢；由于 SiC 与 O_2 反应生成了 SiO_2，阻碍了炭纤维的进一步氧化，保护了炭纤维，改善了炭纤维的抗氧化性能。

8.3 纳米纤维改性后 C/C 复合材料的非等温氧化行为及机理

本节采用热重分析法来考察纳米纤维改性 C/C 复合材料的非等温氧化行为。将第 2 章中制备的 C/C 复合材料、CNF-C/C 复合材料和 SiCNF-C/C 复合材料制成质量为 40 ~ 50 mg 的小试样，置于 $\phi 5\,mm \times 3\,mm$ 的刚玉坩埚内，在大气环境中升温，升温速率为 10 K/min，空气流量为 100 mL/min。

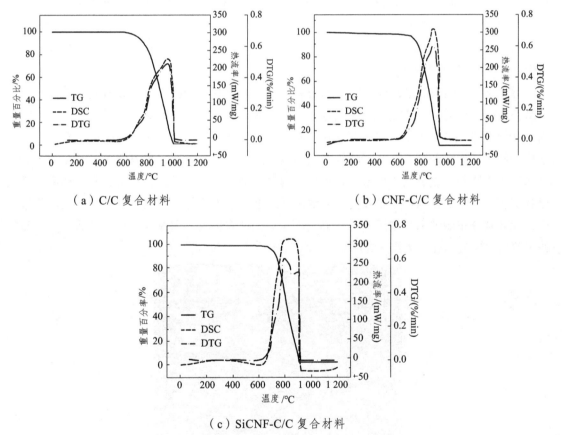

（a）C/C 复合材料　　　　　　　　　　（b）CNF-C/C 复合材料

（c）SiCNF-C/C 复合材料

图 8-2　纳米纤维改性后 C/C 复合材料的 TG-DSC 分析曲线

图 8-2 所示为纳米纤维改性 C/C 复合材料的热分析曲线。由图 8-2 不同复合材料的 TG 曲线可知，C/C、CNF-C/C 和 SiCNF-C/C 复合材料的起始氧化温度分别为 600 ℃、631 ℃ 和 638 ℃。CNF-C/C 和 SiCNF-C/C 复合材料的起始氧化温度相当，均高于 C/C 复合材料的起始

氧化温度。从 TG 曲线还可以看出，C/C 复合材料在 1 002 °C 完全氧化，仅有 0.89%剩余；CNF-C/C 复合材料在 895 °C 完全氧化，有 3.80%的剩余；SiCNF-C/C 复合材料在 914 °C 完全氧化，还有 5.61%剩余。

从图 8-2 中的 DSC 曲线可知，C/C 复合材料的 DSC 曲线有两个吸热峰[见图 8-2（a）]，720 °C 和 949 °C，分别对应于炭纤维和热解炭的快速氧化。CNF-C/C 复合材料[见图 8-2（b）]的 DSC 曲线和 C/C 复合材料的较为相似，但没有两个明显的吸热峰，仅在 890 °C 出现一个吸热峰。这是因为这两种复合材料都全由碳元素组成，其不同结构的碳原子排列导致 DSC 曲线的差异。SiCNF-C/C 复合材料的 DSC 曲线出现了很明显宽化的吸热峰[见图 8-2（c）]，这是因为该复合材料中存在 SiCNF，碳化硅的氧化反应是个复杂的反应，其氧化过程与氧含量有关。

从图 8-2 所示的 DTG 曲线则可以看出，纳米纤维改性 C/C 复合材料的 DTG 曲线较为相似，在主峰后面出现了一个尖锐的峰，对应于纳米纤维的氧化。氧化初期，纳米纤维改性 C/C 复合材料的氧化速率均比 C/C 复合材料小，但在 800 °C 以上纳米纤维改性 C/C 复合材料的氧化速率迅速增大，大于 C/C 复合材料。C/C 复合材料在 950 °C 达到最大氧化速率，为 0.49% $\cdot$ °C^{-1}；CNF-C/C 复合材料则在 885 °C 时达到最大值，为 0.60% $\cdot$ °C^{-1}；SiCNF-C/C 复合材料的氧化速率增幅更大，在 791 °C 达到最大值，为 0.60% $\cdot$ °C^{-1}。

综上所述，纳米纤维改性对 C/C 复合材料非等温氧化行为的影响主要有两个方面。一是纳米纤维改性提高了 C/C 复合材料的起始氧化温度。这是因为三种复合材料均是以类石墨结构（SP^2）的热解炭为基体。纳米纤维诱导热解炭的沉积，导致无序排列的碳原子形成二维链结构，减少了活性碳原子，从而降低了热解炭的活性。另一方面，当温度在 800 °C 以上时，纳米纤维改性 C/C 复合材料的氧化速率迅速提高。纳米纤维改性后，热解炭不再环绕炭纤维层状沉积，而是优先沉积在相互交叉的纳米纤维上，增大了热解炭的比表面积。在氧化过程中，无规则分布的纳米纤维周围的热解炭优先氧化形成裂纹，为氧的扩散提供通道，从而加快了复合材料的氧化，如图 8-3 所示。

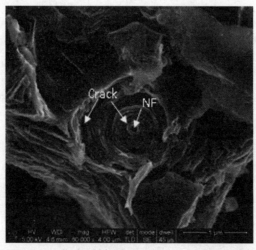

图 8-3 CNF-C/C 复合材料 900 °C 氧化 10 min 后的 PyC 形貌

8.4 纳米纤维改性 C/C 复合材料的等温氧化行为及氧化机理

8.4.1 等温氧化行为

图 8-4 所示为 C/C、CNF-C/C 和 SiCNF-C/C 三种复合材料分别在 600 ℃、700 ℃、800 ℃ 和 900 ℃ 空气中氧化 3 小时的等温氧化失重曲线。由图 8-4 可知，不同温度下，三种复合材料的氧化失重与氧化时间均呈近似直线变化，表明三种复合材料的氧化过程受同一种氧化机制控制。在相同温度氧化时，纳米纤维改性 C/C 复合材料的氧化失重曲线斜率均小于 C/C 复合材料。

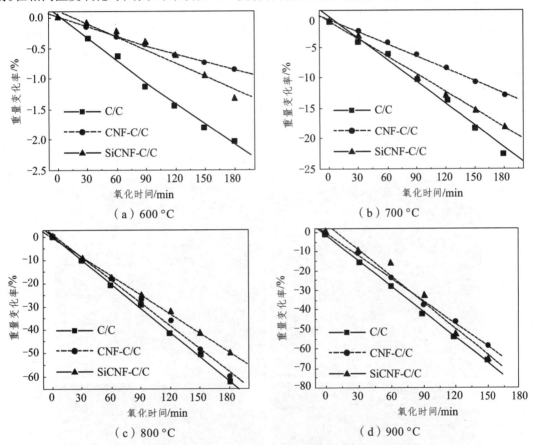

图 8-4　C/C、CNF-C/C 和 SiCNF-C/C 复合材料在不同温度下的氧化行为

这说明纳米纤维改性 C/C 复合材料的等温氧化反应速率均低于 C/C 复合材料。C/C 复合材料在 600 ℃ 氧化 180 min 的失重率为 2.04%，700 ℃ 时则为 22.42%。随着氧化温度的进一步升高，C/C 复合材料的氧化失重率迅速增加，800 ℃ 氧化 150 min 和 900 ℃ 氧化 120 min 的失重率均达到 50%。CNF-C/C 复合材料在 600 ℃ 氧化 180 min 的失重率为 0.85%，是 C/C 复合材料失重率的三分之一。700 ℃ 氧化 180 min 的失重率为 12.45%，为 C/C 复合材料的二分之一。随着氧化温度的进一步升高，CNF-C/C 复合材料的失重率也迅速增加，且其增加幅度较大，甚至在 900 ℃ 氧化失重率接近于 C/C 复合材料。对 SiCNF-C/C 复合材料，其在 600 ℃

氧化 180 min 的失重率为 1.3%，是 C/C 复合材料失重率的二分之一。700 °C 氧化 180 min 的失重率为 17.75%，为 C/C 复合材料的四分之三。随着氧化温度的进一步升高，SiCNF-C/C 复合材料的失重率迅速增加，但其氧化失重率始终低于 C/C 复合材料。这是因为 SiC 的氧化增重，随着温度升高，SiCNF 的氧化逐渐加剧，SiCNF-C/C 材料的失重速率也就降低。

对比 CNF-C/C 和 SiCNF-C/C 复合材料的氧化失重可知，SiCNF-C/C 复合材料的氧化速率较快。这是因为 CNF 和 SiCNF 改性对 C/C 复合材料的结构影响不同。一方面，原位生长 CNF 导致炭纤维表面形成了 MT-PyC，保护了炭纤维；而原位生长 SiCNF 则使炭纤维皮层发生硅化现象，增加了炭纤维表面活性碳原子的数量，加速了炭纤维的氧化。另一方面，由第四章可知，SiCNF-C/C 复合材料的开孔孔隙率高于 CNF-C/C 复合材料，为氧气的扩散提供了更多的通道，从而加速了复合材料的氧化。

图 8-5 所示为 C/C 复合材料分别在 600 °C、700 °C、800 °C 和 900 °C 氧化 150 min 后的扫描形貌。由图 8-5 可知，C/C 复合材料经 600 °C 氧化后，炭纤维端口依然棱角分明，而纤维束中的热解炭被氧化，纤维与热解炭之间出现了明显的界面，这些界面为 O$_2$ 迅速扩散到复合材料内部提供了通道，加速复合材料的氧化，

对应于复合材料的氧化失重率（22.42%）。经过 700 °C 氧化后，C/C 复合材料的纤维束中单根纤维的端部开始氧化，材料切面出现明显的氧化孔洞。随着温度的进一步提高，C/C 复合材料的氧化加剧，在经 900 °C 氧化后，炭纤维被氧化成笋尖状[见图 8-5（d）]。

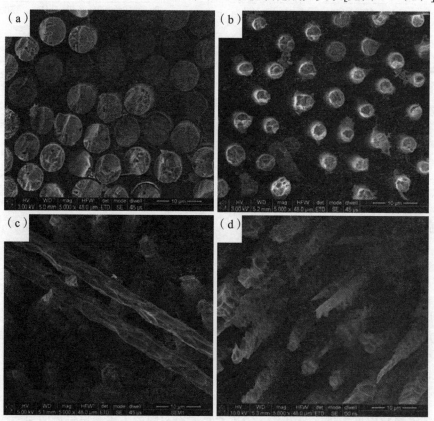

图 8-5　C/C 复合材料在 600～900 °C 内不同温度点氧化 150 min 后的微观形貌
（a）600 °C；（b）700 °C；（c）800 °C；（d）900 °C

图 8-6 所示为 CNF-C/C 复合材料分别在 600 ℃、700 ℃、800 ℃ 和 900 ℃ 氧化 150 min 后的扫描形貌。经 600 ℃ 氧化 150 min 后，CNF-C/C 复合材料的表面形貌基本没有变化，其氧化非常轻微，热解炭覆盖在纤维和 CNF 表面，纤维与热解炭之间结合较为紧密。经 700 ℃ 氧化 150 min 后，CNF 表面的热解炭被氧化，留下絮状得 CNF；炭纤维与热解炭之间出现了间隙，炭纤维端部开始氧化，对应于复合材料的轻微氧化失重率（12.45%）。随着温度的升高，炭纤维进一步被氧化，形成笋尖状。炭纤维周围的 CNF 也被氧化，而且氧化速度很快，在经 900 ℃ 氧化 150 min 后，可以明显看出 CNF 几乎氧化殆尽[见图 8-6（d）]。

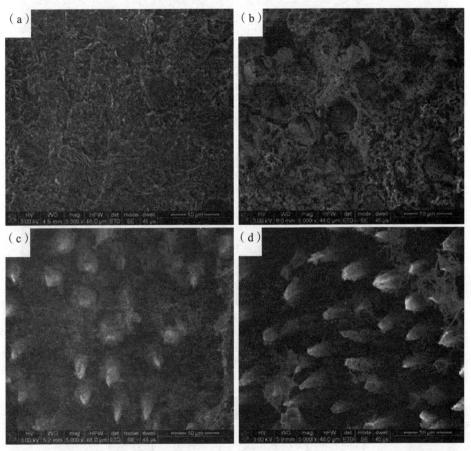

图 8-6　CNF-C/C 复合材料在 600～900 ℃ 内不同温度点氧化 150 min 后的微观形貌
（a）600 ℃；（b）700 ℃；（c）800 ℃；（d）900 ℃

图 8-7 所示为 SiCNF-C/C 复合材料分别在 600 ℃、700 ℃、800 ℃ 和 900 氧化 150 min 后的扫描形貌。从图 8-7（a）可以看出，经 600 ℃ 氧化 150 min 后，SiCNF-C/C 复合材料中炭纤维与热解炭之间结合紧密，热解炭呈现鳞片状，纤维表面有轻微氧化。经 700 ℃ 氧化 150 min 后，SiCNF-C/C 复合材料中炭纤维与热解炭之间的界面非常明显，纤维表面出现了圆周氧化，周围的热解炭出现少量的絮状残留物，对应复合材料的氧化失重率为 17.75%。当温度进一步升高后，SiCNF-C/C 复合材料中表面炭纤维几乎氧化殆尽，在纤维周围出现一层明显的光亮层，热解 C/C 本被氧化，出现明显的絮状残留物[见图 8-7（c）]。

经 900 ℃ 氧化 150 min 后，SiCNF-C-C/C 复合材料试样中已观察不到炭纤维，仅留下尺寸为几百个纳米的纳米纤维，经能谱分析主要为 SiO_2 纳米纤维，如图 8-8 所示。

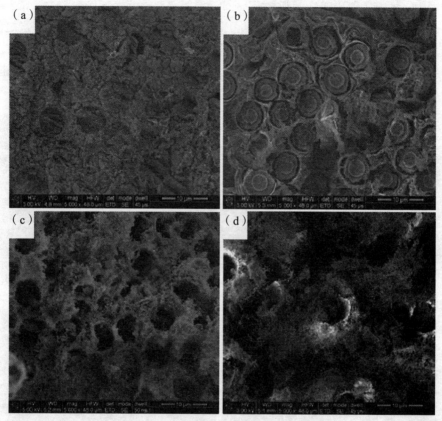

图 8-7 SiCNF-C/C 复合材料在 600~900 ℃ 内不同温度点氧化 150 min 后的微观形貌
（a）600 ℃；（b）700 ℃；（c）800 ℃；（d）900 ℃

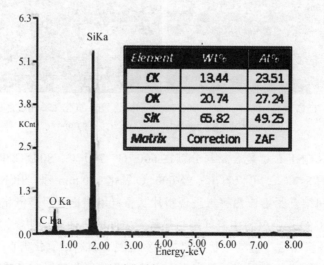

Element	Wt%	At%
CK	13.44	23.51
OK	20.74	27.24
SiK	65.82	49.25
Matrix	Correction	ZAF

图 8-8 SiCNF-C/C 复合材料氧化后剩余纳米纤维的能谱分析

　　从图 8-5、图 8-6 和图 8-7 的氧化特征可以发现，相对于 C/C 复合材料，CNF-C/C 复合材料中，氧化优先发生在复合材料表层的热解炭，然后发生在炭纤维与基体之间的界面。这是因为 CNF 改变了炭纤维与基体炭之间的界面，形成了 CNF、炭纤维和热解炭三相界面，导致热解炭与炭纤维之间的界面结合更为紧密。同时由于热解炭优先沉积在 CNF 上，改变了炭纤维附近的热解炭的结构，热解炭的活性降低，进一步保护界面不被氧化。

　　SiCNF-C/C 复合材料中，氧化同样优先发生在热解炭之间。SiCNF 改变了炭纤维与热解炭之间的界面，形成了 SiCNF、炭纤维和热解炭三相界面，使得热解炭与炭纤维的界面结合更为紧密。不同于 CNF-C/C 复合材料的是，在 SiCNF 的制备工艺中，由于炭纤维皮层碳原子发生硅化反应，增加了炭纤维皮层碳原子的活性，从而使得氧化更容易从炭纤维皮层开始。在制备 SiCNF 之前，先沉积一层炭膜，可以有效防止炭纤维皮层的硅化反应，改善炭纤维优先氧化的现状。沉积炭膜还可以修补炭纤维表面的缺陷，降低炭纤维皮层碳原子的活性，增强炭纤维的抗氧化性能。此外，由于 SiCNF 在 1 000 °C 以下的氧化非常缓慢，其氧化产物 SiO_2 纤维为玻璃态纳米纤维，故 SiCNF-C/C 材料氧化最终留下了絮状残留物。

8.4.2　等温氧化动力学和氧化机理

　　对于炭材料，当氧化失重率低于 70% 时，失重率与氧化时间成正比，见式（8-1）：

$$\frac{m_0 - m}{m_0} = kt \tag{8-1}$$

式中，m_0 为材料的初始质量，m 为氧化 t 时材料的质量，k 为反应速率常数。

　　反应速率常数与活化能的关系遵从 Arrhenius 方程，见式（8-2）：

$$\ln k = \ln A - \left(\frac{E_a}{R}\right)\frac{1}{T} \tag{8-2}$$

式中，A 为指前因子，E_a 为氧化反应的活化能；T 为反应温度，R 为气体常数；对式（8-1）两边取对数，移项后带入式（8-2）得到式（8-3）：

$$\ln\left(\frac{m_0 - m}{m_0}\right) = -\frac{E_a}{R}\frac{1}{T} + (\ln A + \ln t) \tag{8-3}$$

　　在实验条件下，（$\ln A + \ln t$）为常数，处理图 8-4 中的数据，以 $\ln[(m_0 - m)/m_0]$ 为纵坐标，$1/T$ 为横坐标，得到图 8-9。图 8-9 所示为 C/C、CNF-C/C 和 SiCNF-C/C 三种复合材料等温氧化失重的 Arrhenius 曲线。三种复合材料的 Arrhenius 曲线都不是一条直线，而是由两条直线组成，其交点大约在 750 °C。通过图 8-9 中直线的斜率计算三种复合材料氧化反应的活化能，结果列于表 8-1。

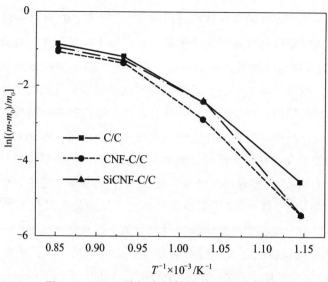

图 8-9　C/C 三种复合材料的 Arrhenius 曲线

表 8-1　三种材料氧化反应的活化能数据

温度/°C	表观活化能 E_a/（kJ/mol）		
	C/C	CNF-C/C	SiCNF-C/C
600～750	153.34	179.99	216.33
750～900	69.30	74.42	64.36

从图 8-9 和表 8-1 可以看出，较低温度（<750 °C）氧化时，相比 C/C 复合材料，纳米纤维改性 C/C 复合材料具有较高的氧化活化能，表明纳米纤维改性 C/C 复合材料更难氧化。但在较高温度（>750 °C）氧化时，SiCNF-C/C 复合材料的氧化活化能最低，CNF-C/C 复合材料的氧化活化能最高，这说明在较高温度下的氧化难易程度为 CNF-C/C 复合材料 > SiCNF-C/C 复合材料 > C/C 复合材料。

对于 C/C 复合材料，其氧化表观活化能可以用式（8-4）表述：

$$E = mE_a + nE_b \qquad\qquad (8-4)$$

式中，E_a 和 E_b 分别为化学反应和气体扩散的活化能；E 为复合材料的表观活化能；m 和 n 为各个过程在不同阶段的影响因子。

活化能的变化反映了氧化机理的改变，表观活化能的不同是由于复杂过程中各基本过程在不同阶段的贡献变化产生的。对 C/C、CNF-C/C 和 SiCNF-C/C 三种复合来说，在相同温度时其活化能相差不大，这说明其氧化机理相同。根据不同温度下的活化能的差异，可以看出在不同的温度下不同的氧化机理的贡献不同。在较低的温度（<750 °C）氧化时，氧分子在 C/C 复合材料中的扩散速度大于 C-O 的反应速度，C/C 复合材料内不存在氧浓度梯度，这时氧化反应速率主要受控于 C/C 复合材料表面活性原子的氧化反应。在较高温度（>750 °C）氧化时，由于温度较高，C-O 之间反应加快，碳的氧化反应速率可以和氧的扩散速率相比，其至超过扩散速率。此时，反应速率不仅取决于化学反应，还取决于氧从复合材料表面的边界层向内部孔隙的扩散过程。

在相同温度下，纳米纤维改性 C/C 复合材料的表观活化能发生了变化，这说明化学反应和气体扩散对纳米纤维改性 C/C 复合材料的氧化行为的影响不同。在较低温度氧化时，纳米纤维改性 C/C 复合材料的表观活化能明显提高，说明纳米纤维改性 C/C 复合材料中气体的扩散速率明显低于 C/C 复合材料。这是因为纳米纤维改性改变了 C/C 复合材料中的孔隙大小和分布，阻碍了气体进一步扩散至复合材料内部，从而提高了复合材料的抗氧化性能。在较高温度氧化时，CNF-C/C 复合材料的表观活化能提高，但 SiCNF-C/C 复合材料的表观活化能降低了，这说明 CNF-C/C 复合材料中的化学反应速率低于 C/C 复合材料，而 SiCNF-C/C 复合材料中的化学反应速率则高于 C/C 复合材料。这是因为 CNF-C/C 复合材料中的活性碳原子数量明显少于 C/C 复合材料，而 SiCNF 改性则增加了炭纤维表面的活性碳原子数量，从而加速了 SiCNF-C/C 复合材料的氧化。

8.4.3　C/C 复合材料石墨化度对其活化能的影响

碳元素位于化学元素周期表的第六位，其最外层电子轨道上只有 4 个电子，当碳原子在与其他原子结合时，其外层电子会产生多种形式的杂化，主要有 sp^3、sp^2、sp 杂化。不同的杂化轨道导致碳原子之间不同的化学键。在 C/C 复合材料中，碳原子主要是以石墨结构为代表的 sp^2 杂化形式存在。同一石墨层中碳原子以 σ 键连接，并通过垂直于层间的 pz 轨道 π 键（范德华力）与相邻的石墨层连接，从而形成层与层以 ABA…顺序成六边形堆积的层状结构。在碳原子数目一定时，石墨层片越大，即石墨层越少，打破 C-C 键所需的能量就越多。此外，在 C/C 复合材料中还存在由许多无序排列的碳原子，当无序排列的碳原子数量越少时，形成石墨结构的碳原子就越多，打破 C-C 键所需的能量就越多。因此，石墨化度越高，打破 C-C 键所需能量就越大，即 C/C 复合材料的活化能越大。由第 3 章可知，对 C/C、CNF-C/C 和 SiCNF-C/C 三种复合材料，由于纳米纤维诱导热解炭的沉积，导致纳米纤维改性 C/C 复合材料的石墨化度均高于 C/C 复合材料，因此，纳米纤维改性 C/C 复合材料具有较高的活化能。

8.5　纳米纤维含量对 C/C 复合材料氧化性能的影响

在炭纤维表面原位生长不同含量的纳米纤维后，由于纳米纤维含量和尺寸的变化，以及所得炭纤维的比表面积不同，导致沉积热解炭后所得复合材料微观结构上的变化，从而可能影响复合材料的氧化性能。本小节通过在 600 °C 时缓慢氧化来考察纳米纤维含量对 C/C 复合材料氧化性能的影响。

8.5.1 纳米炭纤维含量对 C/C 复合材料氧化性能的影响

图 8-10 所示为不同 CNF 含量的 CNF-C/C 复合材料在 600 °C 氧化曲线。从图 8-10 中可以看出，不同 CNF 含量的 CNF-C/C 复合材料的氧化失重率均低于 C/C 复合材料，再次表明原位生长 CNF 可以提高 C/C 复合材料的低温抗氧化性能。随着 CNF 含量的增加，CNF-C/C 复合材料氧化失重率经历了一个先减小后增大的过程，在 CNF 含量为 5wt%时具有最低的氧化失重率，仅为 C/C 复合材料的三分之一。

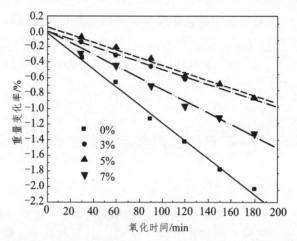

图 8-10　不同纳米炭纤维含量的 CNF-C/C 复合材料在 600 °C 氧化失重曲线

8.5.2 纳米碳化硅纤维含量对 C/C 复合材料氧化性能的影响

图 8-11 所示为不同 SiCNF 含量的 SiCNF-C/C 复合材料在 600 °C 氧化曲线。从图 8-10 中可以看出，不同 SiCNF 含量的 SiCNF-C/C 复合材料的氧化失重率均低于 C/C 材料。在相同的氧化时间内，SiCNF-C/C 复合材料的氧化失重随 SiCNF 含量的增大而波动。当 SiCNF 的含量为 5wt%时，SiCNF-C/C 复合材料的氧化失重明显低于纯 C/C 复合材料。随着 SiCNF 含量的增大，SiCNF-C/C 复合材料的氧化失重进一步减小，当 SiCNF 的含量为 9wt%时，具有最小的氧化失重，仅为 C/C 复合材料的五分之一。此后，SiCNF-C/C 材料氧化失重随着 SiCNF 含量进一步增大反而增大。

综合 CNF 和 SiCNF 含量对 C/C 复合材料氧化失重的影响可以发现，C/C 复合材料的氧化失重曲线都随着纳米纤维含量的增加先增大后减小的。这是因为当纳米纤维含量增加到一定范围时，纳米纤维出现明显团聚，纳米纤维之间形成许多微小的孔隙，这些微孔不利于热解炭的沉积，从而使得 NF-C/C 复合材料的孔隙率增大，提供了氧的扩散通道，加剧了材料的氧化，使得材料的氧化失重增大。

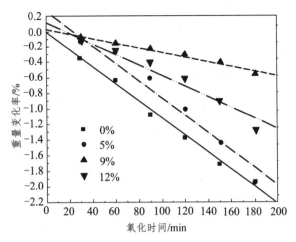

图 8-11 不同 SiCNF 含量的 SiCNF-C/C 复合材料在 600 ℃ 氧化失重曲线

与 CNF-C/C 复合材料不同的是，在 SiCNF-C/C 复合材料中，SiCNF 的氧化会增重，所以当 SiCNF 含量进一步增大时，SiCNF-C/C 材料氧化失重的增大幅度相对较小。

8.6 纳米纤维改性 C/C 复合材料的短时间氧化及其残余力学性能

C/C 复合材料作为制动材料使用时，大多在短时间下工作。一般的制动时间为十几秒，而制动温度则在这十几秒中瞬间升温达 1 000 ℃，随后又降至室温，等待下一次制动。在如此快速的温度交替和循环使用中，其短时间内的氧化对 C/C 复合材料的性能具有重要影响。本节考虑到 C/C 复合材料的疲劳氧化，直接将单向纳米纤维改性 C/C 复合材料试样从室温置入设定温度下，并保温 30 s 后取出冷却 30 s，如此连续 20 次，测得氧化 10 min 后的质量失重率，并测试单向纳米纤维改性 C/C 复合材料在垂直炭纤维方向上的三点弯曲性能。

8.6.1 纳米纤维改性 C/C 复合材料短时间氧化行为

图 8-12 所示为 C/C、CNF-C/C 和 SiCNF-C/C 三种复合材料在不同温度下多次反复共氧化 10 min 的失重曲线。从图 8-12 中可以看出纳米纤维改性 C/C 复合材料在不同温度下短时间氧化失重率均低于 C/C 复合材料。经 600 ℃ 氧化 10 min 后，三种复合材料的氧化失重率基本相同，几乎为零。经 700 ℃ 氧化 10 min 后，C/C 复合材料的氧化失重率为 0.6%，而 CNF-C/C 和 SiCNF-C/C 复合材料的氧化失重率为 0.2%，为 C/C 复合材料的三分之一。随着温度升高，三种 C/C 复合材料的氧化速率均逐渐增大。相对于 SiCNF-C/C 复合材料，CNF-C/C 复合材料

的氧化速率增大更为明显（曲线斜率增大）。在 900 °C 氧化 10 min 后，C/C 复合材料的氧化失重率为 3.7%，CNF-C/C 复合材料的氧化失重率为 3.2%，为 C/C 复合材料的 86%，而 SiCNF-C/C 复合材料的氧化失重率为 2.5%，为 C/C 复合材料的 67%。

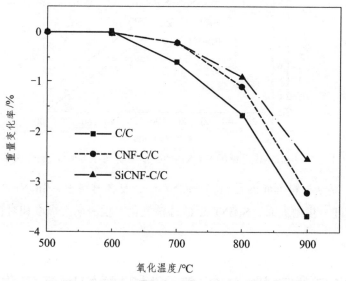

图 8-12 三种 C/C 复合材料的短时间氧化行为

由于短时间氧化后，C/C 复合材料在氧化前后的形貌没有明显区别，因此采用 SEM 观察了 C/C、CNF-C/C 和 SiCNF-C/C 三种复合材料在 900 °C 氧化 10 min 后的微观形貌，如图 8-13 所示。从图 8-13 中可以看出，C/C 复合材料氧化 10 min 后，炭纤维与热解炭之间存在微小的孔隙，热解炭层片间也出现孔隙，主要表现为热解炭的氧化。CNF-C/C 复合材料氧化 10 min 后的微观形貌看不出明显变化[见图 8-13（b）]，而 SiCNF-C/C 复合材料在氧化 10 min 后，炭纤维与热解炭的界面出现微小孔隙，炭纤维边缘开始氧化。

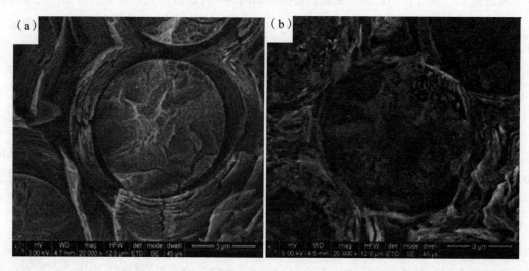

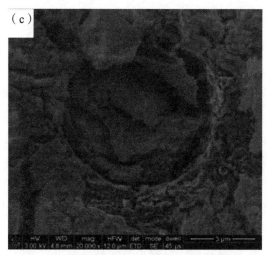

图 8-13　三种复合材料在 900 °C 氧化 10 min 后的微观形貌

（a）C/C；（b）CNF-C/C；（c）SiCNF-C/C

8.6.2　短时间氧化后纳米纤维改性 C/C 复合材料的力学性能

图 8-14 所示为 C/C、CNF-C/C 和 SiCNF-C/C 三种复合材料在不同温度下氧化 10 min 后的力学性能。在室温下，纳米纤维改性 C/C 复合材料的抗弯强度相对 C/C 复合材料明显提高（见第 4 章）。经不同温度氧化 10 min 后，CNF-C/C 复合材料残留弯曲强度均高于 C/C 复合材料；而 SiCNF-C/C 复合材料经不同温度氧化后残留弯曲强度基本低于 C/C 复合材料。随着氧化温度升高，三种复合材料残留弯曲强度均降低。C/C 复合材料的残留弯曲强度随着氧化温度的升高呈梯度下降。经 600 °C 氧化 10 min 后，C/C 复合材料的弯曲强度基本没有下降；经 700 °C 氧化 10 min 后，C/C 复合材料的弯曲强度出现明显下降，下降了 30%。温度继续升高，C/C 复合材料的弯曲强度又保持稳定，直到 900 °C 时，C/C 复合材料弯曲强度为 88 Mpa，为室温下的 50%。CNF-C/C 复合材料的弯曲强度随着氧化温度的升高呈直线下降，经 900 °C 氧化 10 min 后，弯曲强度为 116 MPa，为室温下的 42%。SiCNF-C/C 复合材料的弯曲强度变化和 C/C 复合材料相似，其弯曲强度在 600 °C 和 800 °C 时出现梯度下降。经 600 °C 氧化 10 min 后，SiCNF-C/C 复合材料的弯曲强度为 133 MPa，为室温下的 64%；经 900 °C 氧化 10 min 后，SiCNF-C/C 复合材料的弯曲强度为 81 MPa，为室温下的 40%。由第 5 章可知，C/C 复合材料在垂直于炭纤维方向的弯曲强度主要取决于炭纤维的强度以及界面的结合强度。短时间氧化后，C/C 复合材料的氧化失重率很小，甚至可以忽略。此时，C/C 复合材料的强度与氧化过程中氧化起始位置有关。对 C/C 复合材料，氧化开始于复合材料的表面，并沿着炭纤维与热解炭之间的界面扩散至材料内部；CNF-C/C 复合材料的氧化开始于热解炭和 CNF，而炭纤维由于受到 MT-PyC 的保护最后氧化；SiCNF-C/C 复合材料的氧化则开始于 SiCNF 和炭纤维的表层。经相同时间氧化后，由于 CNF-C/C 复合材料中炭纤维受到保护，其氧化非常微弱，

导致氧化后炭纤维的强度比 C/C 复合材料中炭纤维的强度高；而 SiCNF 改性却加速了炭纤维的氧化，导致炭纤维的强度降低更为显著。另一方面，炭纤维的氧化也降低了界面的结合强度，在炭纤维与基体之间形成裂纹，不利于复合材料的强度。因此，CNF-C/C 复合材料在短时间氧化后的力学性能优于 C/C 复合材料，而 SiCNF-C/C 复合材料在短时间氧化后的力学性能低于 C/C 复合材料。

图 8-15 所示为在 700 ℃ 氧化 10 min 后 C/C、CNF-C/C 和 SiCNF-C/C 三种复合材料弯曲破坏断口的显微形貌。从这三种复合材料氧化后的弯曲破坏断口形貌也可以看出，纳米纤维改性对复合材料氧化后力学性能的影响。由图 8-15（a）可见，氧化后 C/C 复合材料的断口有大量纤维拔出，其拔出长度相对于未氧化的 C/C 复合材料断口（见图 5-2）明显更长，这表明氧化后纤维与基体之间的界面结合变弱。纳米纤维改性 C/C 复合材料试样断口都很平整，纤维以拉断方式破坏，只在复合材料边缘有少量炭纤维拔出。这是因为氧化时间短，氧化反应并未扩散至复合材料的中心区域，复合材料的氧化损耗主要集中于复合材料的表面。

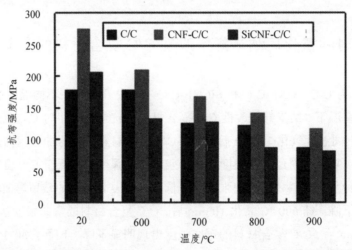

图 8-14　三种 C/C 材料不同温度下氧化 10 min 后的力学性能变化

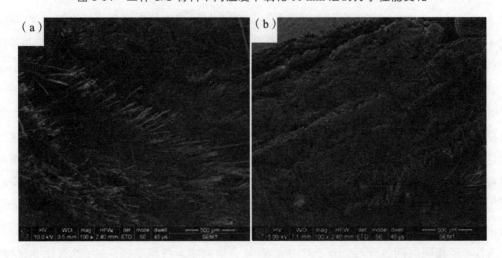

（c）

图 8-15　经 600 °C 氧化 10 min 后三种 C/C 材料的弯曲破坏断口形貌

（a）C/C；（b）CNF-C/C；（c）SiCNF-C/C

8.7　本章小结

（1）CNF 改性后炭纤维表面比表面积增大，活性点增加，加速了炭纤维的氧化；而 SiCNF 氧化形成 SiO_2 保护了炭纤维，延缓了炭纤维的氧化。

（2）由于纳米纤维在 CVI 过程中诱导热解炭有序沉积，减少了活性碳原子数量，从而降低了纳米纤维改性 C/C 复合材料的活性，提高了复合材料起始氧化温度。当沉积在纳米纤维上的热解炭优先氧化后，留下无规则排列的纳米纤维，提供氧的扩散通道，加快了复合材料的氧化。

（3）在 600～900 °C 的温度区间内，纳米纤维改性 C/C 复合材料的等温氧化速率均低于纯 C/C 复合材料。在<800 °C 时，CNF-C/C 复合材料的氧化速率低于 SiCNF-C/C 复合材料；在>800 °C 时，CNF-C/C 复合材料的氧化速率高于 SiCNF-C/C 复合材料。

（4）CNF-C/C 复合材料的氧化从复合材料的表面热解炭开始，逐步扩散到 CNF 以及 CNF、热解炭和炭纤维的界面。而 SiCNF-C/C 复合材料的氧化从复合材料表层的热解炭和炭纤维皮层开始，逐渐扩散到 SiCNF，从而留下絮状残留物。

（5）纳米纤维改性 C/C 复合材料具有和 C/C 复合材料相同的反应控制机理。在较低的温度（<750 °C）氧化时，由氧的扩散控制；在较高温度（>750 °C）氧化时，则由氧的扩散和氧化反应共同控制。由于纳米纤维改性提高了 C/C 复合材料的石墨化度，导致了较高的氧化活化能，从而提高了复合材料的抗氧化性能。

（6）通过对比不同纳米纤维含量时纳米纤维改性 C/C 复合材料在等温氧化时的失重曲线

可知，当 CNF 含量为 5wt%或 SiCNF 含量为 9wt%时，纳米纤维改性 C/C 复合材料具有最低的氧化失重率。

（7）不同温度下短时间氧化后，纳米纤维改性 C/C 复合材料的氧化失重率均低于 C/C 复合材料，但不是其力学性能变化的主要原因。CNF-C/C 复合材料的短时间氧化对复合材料中炭纤维的损伤最小，故其残留抗弯强度相对于 C/C 复合材料较高；SiCNF-C/C 复合材料的短时间氧化对复合材料中炭纤维的损伤最大，故其残留抗弯强度相对于 C/C 复合材料较低。

9 纳米相增强 C/C 复合材料的摩擦磨损性能

9.1 引 言

材料的摩擦磨损性能不是材料的固有特性，而是系统性能，与接触类型、工作条件、环境、试验材料的特性以及摩擦副材料有关。因此，材料的摩擦磨损特性研究一般是通过在特定工况下的摩擦磨损试验实现的。根据试验条件和任务可将摩擦磨损试验分为使用试验和实验室试验。使用试验时在实际运转现场条件下进行的；实验室试验则是在一定工况条件下，用尺寸较小，结构形状简单的试样在通用的试验机上进行的试验。实验室试验又分为一般性和模拟性两种。一般性试验主要用于研究摩擦磨损的机理、一般规律以及材料的相对耐磨性。模拟性试验主要模拟某种零件的实际工作情况，因而针对性比较强。

碳元素的结构多样性和复合材料的结构复杂性导致不同 C/C 复合材料的摩擦磨损性能波动比较大，因此，C/C 复合材料既可以用作制动摩擦材料，也可以用作减摩材料。根据前文对结构的分析可知，原位生长纳米纤维后，炭纤维与基体的界面和热解炭的结构都发生了变化，改善了 C/C 复合材料的导热、力学和氧化性能，这些性能的变化将直接影响 C/C 复合材料摩擦磨损性能。根据前面对纳米纤维改性 C/C 复合材料导热、力学和氧化性能的综合分析，本章采用 CNF 含量为 5wt%、SiCNF 含量为 9wt%时的纳米纤维改性 C/C 复合材料，结合微动摩擦磨损实验和 MM-1000 惯性摩擦实验，对 CNF 和 SiCNF 改性 C/C 复合材料的摩擦磨损性能进行了分析，探讨了原位生长纳米纤维对 C/C 复合材料摩擦磨损性能影响的一般规律，并研究了在特定工况下 NF-C/C 复合材料的摩擦磨损性能。

9.2 纳米纤维改性 C/C 复合材料的基本摩擦磨损性能

从材料学角度出发，采用 UMT-3 型微动摩擦磨损试验机考察了 C/C、CNF-C/C 和 SiCNF-C/C 三种复合材料的基本摩擦磨损性能。实验条件为：载荷为 60 N，往复速度分别为 600、800、1 000、1 200 和 1 400 次/min。对偶件采用硬度为 HRC62、ϕ 9.5 mm 铬钢球。在实验中，往复滑动方向平行于无纬布中炭纤维的轴向方向。

9.2.1 摩擦磨损性能

图 9-1 所示为 C/C、CNF-C/C 和 SiCNF-C/C 三种复合材料在不同转速下摩擦系数的变化。三种复合材料的摩擦系数都随摩擦速度的增大先增大后减小。C/C 复合材料的摩擦系数在 600～800 次/min 内升高，在 800 次/min 达到最大摩擦系数后明显减小；CNF-C/C 复合材料的摩擦系数在 600～1 200 次/min 内变化较小，在 1 200 次/min 达到最大摩擦系数后明显减小；SiCNF-C/C 复合材料的摩擦系数在 600～1 000 次/min 没有明显变化，在 1 000～1 200 次/min 出现大幅度升高，在 1 200 次/min 达到最大摩擦系数后减小。从图 9-1 中还可以看出在摩擦速度小于 1 000 次/min 时，纳米纤维改性 C/C 复合材料的摩擦系数均低于 C/C 复合材料，而在摩擦速度大于 1 000 次/min 时，纳米纤维改性 C/C 复合材料的摩擦系数均高于 C/C 复合材料。

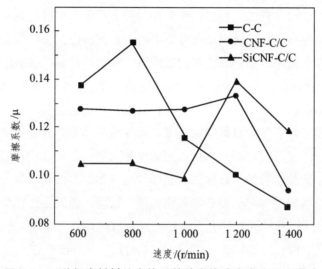

图 9-1　三种复合材料的摩擦系数随摩擦速度变化关系曲线

图 9-2 所示为不同摩擦速度下 C/C、CNF-C/C 和 SiCNF-C/C 三种复合材料的摩擦系数曲线。从图 9-2（a）中可知，C/C 复合材料的摩擦系数存在一个突然升高然后降低至稳定值的变化过程。在低摩擦速度下（<1 000 次/min），C/C 复合材料的摩擦系数高，摩擦过程剧烈波动；随着摩擦速度增大，C/C 复合材料的摩擦系数降低，摩擦过程稳定性提高。

CNF-C/C 复合材料的摩擦系数曲线在摩擦速度为 600～1 200 次/min 都是缓慢升高达到最高值后平稳，如图 9-2（b）所示；而在 1 400 次/min 时，则从最大值缓慢下降后平稳。除了在 1 200 次/min 时摩擦过程存在明显波动，CNF-C/C 复合材料在其他摩擦速度下的摩擦过程较平稳。

在相同摩擦速度下，相对于 C/C 复合材料，CNF-C/C 复合材料的摩擦过程都比较平稳，这是因为 CNF 及其诱导沉积形成的 HT-PyC 都具有良好的润滑作用，从而改善了 C/C 复合材料的摩擦性能。

SiCNF-C/C 复合材料在 1 200 次/min 时摩擦过程波动剧烈，如图 9-2（c）所示，这与

CNF-C/C 复合材料类似。但相对于 C/C 和 CNF-C/C 复合材料，SiCNF-C/C 复合材料在不同摩擦速度下的摩擦系数曲线没有明显的规律。这是因为 SiCNF 的硬度高，而 SiCNF 诱导形成的 HT-PyC 则具有较好的润滑作用，并且炭纤维与基体之间的界面结合力较好。在 HT-PyC 和 SiCNF 的作用下，造成了不同速度下摩擦系数曲线的差异。

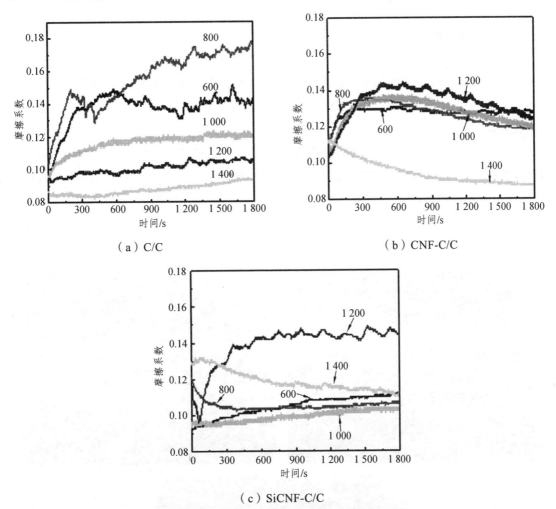

（a）C/C

（b）CNF-C/C

（c）SiCNF-C/C

图 9-2 三种复合材料在不同速度下的摩擦系数曲线

在摩擦速度为 1 200 次/min 时，C/C、CNF-C/C 和 SiCNF-C/C 三种复合材料的在摩擦过程产生剧烈波动，这是因为在材料的滑动摩擦是黏着与滑动交替发生的跃动过程。有研究者认为造成跃动现象的原因有两种，一种是跃动是摩擦力随滑动速度的增加而减小造成的，另一种是跃动是摩擦力接触时间延长而增加的结果。在高速滑动条件下，前者的作用为主；而滑动速度较低时，后者是决定的因素。在本试验中，当速度大于 1 200 次/min 时，材料的跃动主要是因为摩擦力的变化而引起的，但速度小于 1 200 次/min 时，则是接触时间的影响。而在 1 200 次/min 时，则两个因素同时作用，从而造成制动过程波动剧烈。

在摩擦过程中，三种复合材料的摩擦系数曲线都经历了一个变化过程，例如 C/C 和

CNF-C/C 复合材料在 800～1 000 次/min 时的摩擦系数先增大后减小,这种摩擦系数的变化与摩擦表面形态以及温度有关。

根据前人的研究发现,摩擦速度对摩擦系数的影响可以采用公式(9-1)表示:

$$f = (a + bU)e^{-cU} + d \qquad (9\text{-}1)$$

式中,U 为滑动速度;a、b、c 和 d 由材料性质和载荷决定的常数。

在本实验中,材料的载荷不变,摩擦系数主要受到材料性质的影响。在摩擦过程中,由于材料不同,形成的摩擦膜的组织结构不同。摩擦过程产生的热也会引起摩擦过程中表面层组织的变化。摩擦膜的产生、变形和破坏都影响着摩擦系数的变化,从而导致摩擦曲线的变化。

由于往复摩擦实验中,材料的磨损非常少,不易于质量磨损的测量。为了对比三种复合材料的磨损,通过测量摩擦后摩擦表面的大小以及凹陷深度来表征其磨损。采用三维视频显微镜观察 C/C、CNF-C/C 和 SiCNF-C/C 三种复合材料摩擦后摩擦表面,如图 9-3 所示。从图 9-3 中可知,在相同条件下,纳米纤维改性复合材料的摩擦表面变窄,其中 SiCNF-C/C 复合材料摩擦面的变窄最为明显。

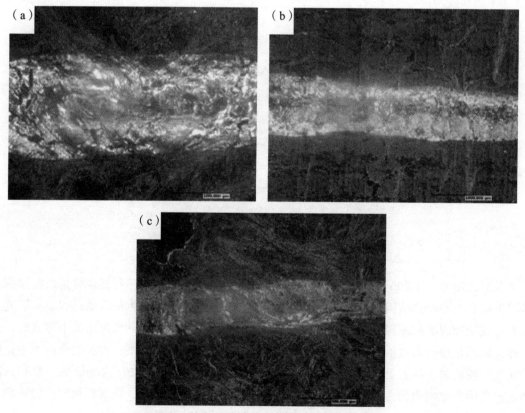

图 9-3　三种复合材料摩擦后摩擦表面形貌
(a) C/C;(b) CNF-C/C;(c) SiCNF-C/C

　　为了进一步研究三种复合材料的磨损，采用三维网格图和高度曲线法测量摩擦面的凹陷深度，如图 9-4 所示，并记录不同摩擦速度下三种复合材料的摩擦面凹陷深度，其结果如图 9-5 所示。在相同条件下，纳米纤维改性 C/C 复合材料的摩擦面凹陷深度小，即材料磨损较小。相对 CNF-C/C 复合材料，SiCNF-C/C 复合材料的摩擦面凹陷深度更小。此外，C/C 和 CNF-C/C 复合材料的摩擦面深度随着摩擦速度的增大先增大后减小再增大，呈"N"型变化；而 SiCNF-C/C 复合材料摩擦面深度的变化则与之相反。

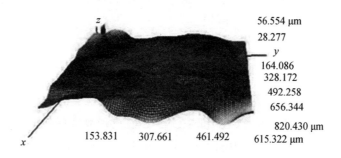

（a）三维网格图

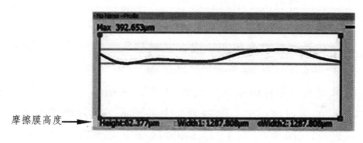

（b）高度曲线

图 9-4　摩擦表面的三维网格图和高度曲线

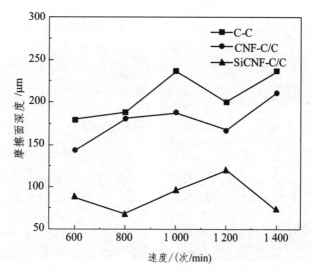

图 9-5　三种复合材料摩擦表面深度随往复速度变化的关系曲线

在干滑动摩擦条件下，摩擦速度的变化将导致材料摩擦磨损性能的变化。在较低速度下，摩擦产生的热量被快速传递，C/C 复合材料的几乎不被氧化；提高滑动速度后，摩擦产生的热量导致摩擦表面温度瞬间升高，炭表面吸附的水蒸气发生脱附现象，加速了复合材料的氧化，使复合材料的磨损加剧。纳米纤维改性 C/C 复合材料的磨损明显减少，这是因为在摩擦过程中，由于纳米纤维的高强度和纳米纤维表层 HT-PyC 的润滑作用，形成了高强度并具有减摩性能的转移膜，从而降低了复合材料的磨损。同时，纳米纤维改性 C/C 复合材料的导热性能提高，摩擦热的影响减小。此外，由于 SiCNF 为硬质相，在摩擦过程中固定磨屑，从而进一步降低了 SiCNF-C/C 材料的磨损。

9.2.2　摩擦表面形貌

图 9-6 所示为 C/C、CNF-C/C 和 SiCNF-C/C 三种复合材料分别在 800 和 1 400 次/min 摩擦后摩擦表面的典型形貌。由图 9-6（b）可知，经 800 次/min 摩擦后，C/C 复合材料的摩擦表面存在大量细小磨削和裸露的炭纤维；摩擦速度提高后，C/C 复合材料的摩擦表面依旧存在大量的磨屑，但磨屑尺寸增大，同时，可以看到由小片的摩擦膜连接而成的较为完整的摩擦膜[见图 9-6（a）]。CNF-C/C 复合材料在经 800 次/min 摩擦后摩擦表面上的磨屑较少，磨屑主要存在于摩擦表面的凹坑内，并被挤压形成摩擦膜，同时，还可以看到小片连续的摩擦膜[见图 9-6（d）]；经 1 400 次/min 摩擦后，CNF-C/C 复合材料的摩擦表面形成了连续的完整的摩擦膜，并有少量细小的磨削存在[见图 9-6（c）]。SiCNF-C/C 复合材料在 800 次/min 摩擦后的磨屑也很少，摩擦表面上的形成了大片的摩擦膜，同时可见因磨粒磨损而产生的犁沟划痕[见图 9-6（f）]；经 1 400 次/min 摩擦后 SiCNF-C/C 复合材料的摩擦表面上形成了大片完整的摩擦膜，而因磨粒磨损产生的犁沟划痕减少，出现了疲劳裂纹[见图 9-6（e）]。

（a）

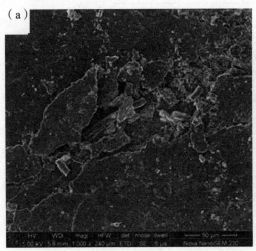

（b）

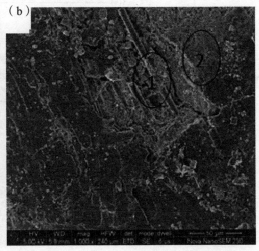

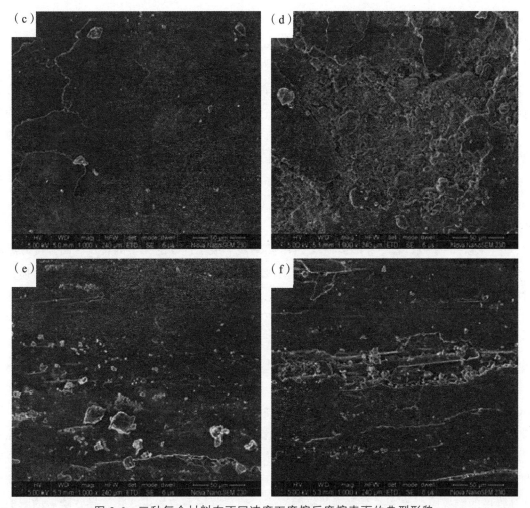

图 9-6　三种复合材料在不同速度下摩擦后摩擦表面的典型形貌

（a）　C/C 1400；（b）　C/C 800；（c）CNF-C/C 1400；（d）CNF-C/C 800；（e）SiCNF-C/C1 400；（f）SiCNF-C/C800

摩擦速度提高后，三种复合材料的摩擦表面都易于形成较为完整的摩擦膜。由 EDS 分析结果可知三种复合材料在摩擦过程中形成的磨屑主要由炭组成。当摩擦速度提高后，在摩擦热和压力的作用下，基体炭发生应力石墨化，石墨化度提高，易于在摩擦过程中变形，并形成连续的摩擦膜。

由上述分析可知，三种复合材料在摩擦过程中都经历了三个相同的摩擦过程。首先，材料表面的微凸体在压力和摩擦力的作用下从摩擦表面切削并被碾碎，形成细小的磨屑颗粒。这些细小的磨屑颗粒在不断的摩擦过程中被碾磨得更加细小，并填充到摩擦表面的凹坑内，当磨屑填满整个凹坑时，在压力作用下被挤压形成摩擦膜。在随后的摩擦过程中，摩擦膜又在摩擦力作用下被撕裂形成磨屑，此过程不断循环。

虽然这三种复合材料都经历了相同的摩擦过程，但由于材料的结构组织和性能差异，在每个过程中所呈现出来的结果不同。在 C/C 复合材料中[见图 9-6（b）]，炭纤维的硬度高于基体炭，并且炭纤维与基体炭的界面结合力较弱，基体炭优先被磨损，露出裸露的炭纤维。这些由乱层结构的基体炭形成的磨屑颗粒填充到摩擦表面的凹坑内，在局部形成连续的摩擦膜。与相对较硬的对偶件反复摩擦后，摩擦膜中的裂纹扩散，造成了摩擦膜的撕裂并脱落，最终导致制动过程剧烈波动。摩擦速度提高后[见图 9-6（a）]，微凸体受到更大的冲击力，快速断裂并从摩擦表面脱落为磨屑，并在随后的摩擦过程中被碾碎。同时由于摩擦速度的提高，摩擦产生的大量热量，在温度和压力同时作用下，使得磨屑应力石墨化，在摩擦表面形成较为大片的摩擦膜，增加了摩擦膜的润滑作用，导致随后的摩擦过程平稳。

对 CNF-C/C 复合材料[见图 9-6（d）]，由于 CNF 具有很高的抗拉强度、弹性模量、良好的韧性及润滑作用，在摩擦过程中，包裹着 CNF 的热解炭在压力和摩擦力的作用下很容易变形并从摩擦表面切削下来，形成细小磨屑。部分来不及脱落的磨屑填充到摩擦表面的凹坑内，并在随后的摩擦过程中，由包裹着 CNF 热解炭形成了连续的完整的且具有高强度减摩特性的摩擦膜。摩擦膜的出现改变了摩擦副的接触形式，减轻了复合材料对对偶件的磨损，同时降低了摩擦系数，也导致摩擦过程更为平稳。摩擦速度提高后[见图 9-6（c）]，微凸体受到更大的冲击力，发生脆性断裂，从摩擦表面脱落为磨屑，在摩擦热和压力作用下，主要由 CNF 和 HT-PyC 形成的磨屑变形更为明显，在填入摩擦表面内的凹坑后，与周围的摩擦膜连接形成光滑且均匀的摩擦膜，从而进一步减低了摩擦系数。

SiCNF-C/C 复合材料中，SiCNF 硬度高、耐磨，在摩擦过程中以硬质点形式存在。而在 SiCNF 表面形成的 HT-PyC 硬度低，在摩擦过程中，很容易从摩擦表面切削下来形成细小磨屑，同时这些细小的磨屑填补 SiCNF 之间的孔隙，形成较为连续的摩擦膜，从而导致摩擦过程较为稳定。当摩擦速度提高后，微凸体受到的冲击力增大，使得 SiCNF 随着 HT-PyC 一起剥落，形成细小的磨屑。由于 SiCNF 硬度高，这些细小的磨屑在随后的摩擦过程中形成高硬度高强度的摩擦膜，改变了摩擦副的接触方式，使得摩擦系数发生变化，导致随后的摩擦过程更为平稳。

9.3 纳米纤维对 C/C 复合材料摩擦磨损机理的影响

9.3.1 摩擦机理

通过前面对 C/C、CNF-C/C 和 SiCNF-C/C 三种复合材料的往复摩擦磨损性能及摩擦表面的分析可知，纳米纤维改性前后 C/C 复合材料的摩擦行为可以采用相同的摩擦机理解释，即摩擦系数是由微凸体的机械变形、磨粒和表面硬微凸体的犁沟作用以及平坦表面的黏着这三个摩擦机理综合作用的结果。纳米纤维改性对 C/C 复合材料的摩擦行为的影响也是通过对这三个机理的影响来实现的。因此，下面分别从纳米纤维在这三个机理中的作用进行分析。

1. 微凸体的机械变形

在不考虑圆柱形结构对表面沉积解炭的影响，假设纳米纤维围绕炭纤维圆周生长，简化对偶件和纳米纤维改性前后 C/C 复合材料的摩擦表面接触情况简化模型如图 9-7 所示。

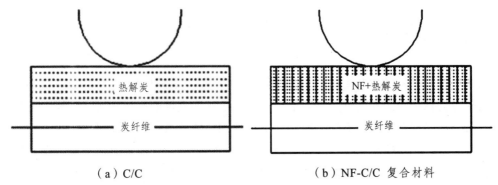

（a）C/C   （b）NF-C/C 复合材料

图 9-7　C/C 和 NF-C/C 复合材料的摩擦表面接触示意图

对 C/C 复合材料[见图 9-7（a）]，由于热解炭中的石墨层片平行纤维轴，在摩擦过程中，对偶件对热解炭的摩擦产生的切削力则平行于热解炭中的石墨层片，导致热解炭的石墨层片之间产生滑移并解理，分解出薄层石墨层片，形成微小尺寸的片状磨削。当切削力增大，由于热解炭与炭纤维之间的结合力较弱，热解炭易从炭纤维表面直接脱落。

图 9-7（b）所示为纳米纤维改性 C/C 复合材料的摩擦表面与对偶件接触示意图。由于原位生长纳米纤维后，摩擦力与纳米纤维的轴向垂直，即垂直于热解炭的石墨层片方向，摩擦产生的切削力会撕开热解炭的石墨层片，并在随后的摩擦过程中进一步撕裂并产生变形，至完全脱落。同时，由于纳米纤维的高强度，在摩擦过程中，不容易从炭纤维表面断裂形成磨屑。

2. 磨粒和表面硬微凸体的犁沟作用

C/C 复合材料中碳以石墨结构形式存在，其硬度较低，在与硬的对偶件摩擦时，对偶件表面硬的微凸体会在 C/C 复合材料表面产生犁沟效应。纳米纤维改性后，C/C 复合材料的硬度提高，其犁沟效应减弱。特别是原位生长 SiCNF 后，由于 SiCNF 的硬度高，以硬质点的形式存在，反而对对偶件产生犁沟效应。此外，CNF 具有高强度高模量，在摩擦过程中从炭纤维的表面断裂，形成高强度具有润滑作用的磨粒。而 SiCNF 为金刚石结构，呈现明显的各向异性，其摩擦力与方向性有明显的关系，即摩擦系数明显取决于晶面和滑移方向。当滑动方向平行于碳化硅的立方棱时，摩擦系数最大；当滑动方向平行于立方对角线时，摩擦系数最低。由 SiCNF 形成的磨粒则与滑动方向有关，因此造成摩擦系数不稳定。

3. 平坦表面的粘着

摩擦过程进行一段时间后，磨屑在摩擦表面形成摩擦膜，摩擦膜在压力作用下发生粘着，在随后的摩擦过程中，这些粘着点被切断，使得摩擦膜从摩擦表面上撕裂并脱落。摩擦膜的大小、形状及性能都影响着摩擦系数的变化。对 C/C、CNF-C/C、SiCNF-C/C 三种复合材料，由于摩擦膜的主要成分都是炭，此时，炭的形态影响着摩擦膜的性能。同时由于纳米纤维改性后，磨屑中除了基体炭，还存在着纳米纤维，由于纳米纤维的高强度和小尺寸效应，易形成光滑的完整的摩擦膜，从而减低了摩擦系数。相对 CNF，SiCNF 的硬度高，耐磨性好，形成的摩擦膜具有更加良好的摩擦性能。

9.3.2　磨损机理

材料的磨损是伴随摩擦产生的，也是一个复杂的过程。根据材料的磨损破坏机理和特征，通常将磨损分为四类：磨粒磨损、粘着磨损、疲劳磨损和腐蚀磨损。在实际磨损现象中，通常是几种磨损同时存在，只是不同工况条件下，不同形式的磨损主次不同。

对于 C/C、CNF-C/C 和 SiCNF-C/C 三种复合材料也同时存在着这几类磨损。由于复合材料中基体炭的组织结构不同以及纳米纤维的影响，其磨损机理存在一定的差异。通过观察对比 600、800、1 000、1 200 和 1 400 次/min 速度下，三种复合材料的摩擦表面形貌，发现三种复合材料在不同速度下的摩擦表面都具有相似的形貌。图 9-8 所示为 C/C、CNF-C/C 和 SiCNF-C/C 三种复合材料摩擦表面的典型形貌。C/C 复合材料主要以磨粒磨损为主，伴随着粘着磨损和疲劳磨损。CNF-C/C 复合材料则主要以粘着磨损为主，伴随着磨粒磨损和疲劳磨损。SiCNF-C/C 复合材料则是磨粒磨损和粘着磨损同时作用，并伴随疲劳磨损。

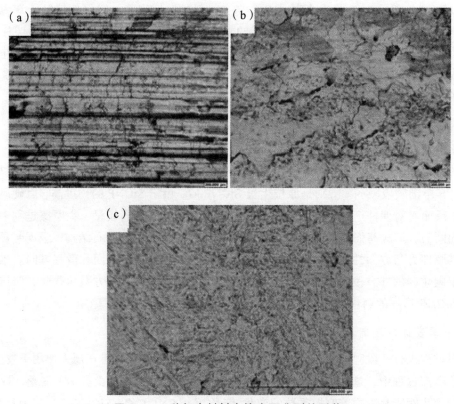

图 9-8　三种复合材料摩擦表面典型的形貌

（a）C/C；（b）CNF-C/C；（c）SiCNF-C/C

纳米纤维改性改善了摩擦膜的性能和形态，从而改变了 C/C 复合材料摩擦磨损过程中主要的磨损形式。纳米纤维改性易于摩擦表面形成高强度光滑的摩擦膜，从而使磨损从以磨粒磨损为主转变为以粘着磨损为主。

9.4 纳米纤维改性 C/C 复合材料的制动摩擦磨损性能

作为制动材料，C/C 复合材料的摩擦磨损性能不仅与自身结构有关，还与摩擦条件密切相关。本节通过模拟不同工况下摩擦磨损试验，研究了两种纳米纤维改性对 C/C 复合材料的制动摩擦磨损性能的影响。

9.4.1 金属对偶件时纳米纤维改性 C/C 复合材料制动摩擦磨损性能

1. 摩擦磨损性能

在摩擦比压为 0.6 MPa，转动惯量为 0.25 kg·m^2，转速为 6 500 r/min 时，以硬度为 HRC41 的 30CrMoSiVA 合金钢为对偶件，测试 NF 改性前后 C/C 复合材料摩擦磨损性能，实验结果见表 9-1。

表 9-1 C/C、CNF-C/C 和 SiCNF-C/C 复合材料的制动摩擦磨损性能

试样	摩擦系数	稳定系数	刹车能量 /（J/cm^2）	次表面温度 /°C	线性磨损 /[μm/（面·次）]	对偶件线性磨损 /[μm/（面·次）]
C/C	0.24	0.76	2557.96	497	3.8	9.1
CNF-C/C	0.28	0.71	2718.09	424	3.3	5.9
SiCNF-C/C	0.25	0.72	2544.91	473	3.6	10.3

从表 9-1 中可知，纳米纤维改性改善了复合材料的摩擦磨损性能。纳米纤维改性 C/C 复合材料的摩擦系数相对于 C/C 复合材料均有提高，但稳定系数降低。同时纳米纤维改性 C/C 复合材料自身的磨损也降低，尤其 CNF-C/C 复合材料更为明显。但 CNF 改性降低了对偶件的磨损，而 SiCNF 改性则加剧了对偶件的磨损。

此外，纳米纤维改性 C/C 复合材料的次表面温度明显低于 C/C 复合材料。材料的次表面温度低于材料的表面温度，但也反应了材料摩擦表面的温度变化。虽然三种复合材料的次表面温度低于起始氧化温度，但摩擦时产生的瞬时温度远高于复合材料的起始氧化温度，因此，在复合材料的摩擦过程中，摩擦热将导致摩擦表面的氧化。从第 6 章可知，C/C 复合材料的氧化会造成性能的降低，从而减少使用寿命。因此，纳米纤维改性延长了 C/C 复合材料的使用寿命。

图 9-9 所示 为 C/C、CNF-C/C 和 SiCNF-C/C 三种复合材料在钢对偶件下相对应的典型摩擦系数曲线。从图 9-9（a）中可以看出，C/C 复合材料在刹车开始时具有较高的摩擦系数，随后缓慢下降至最小值后，再缓慢攀升至最高值，之后出现波动。SiCNF-C/C 复合材料[见图

9-9（c）]和 C/C 复合材料的摩擦系数曲线形状类似，不同于 C/C 复合材料的是，SiCNF-C/C 复合材料摩擦系数在最高值之后缓慢降低并趋于平缓，整个刹车过程中摩擦系数曲线相对平稳。而 CNF-C/C 复合材料的摩擦系数曲线[见图 9-9（b）]则不同于 SiCNF-C/C 复合材料和 C/C 复合材料。CNF-C/C 复合材料的制动过程波动较为剧烈，刹车开始时摩擦系数快速升高，随着刹车的进行，摩擦系数曲折上升，整个刹车过程中摩擦系数保持较高的数值。

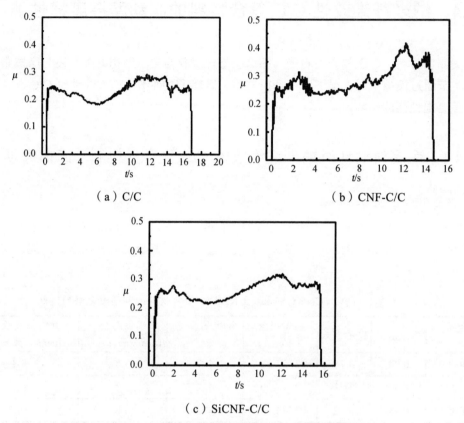

（a）C/C　　　　　　　　　　　　　（b）CNF-C/C

（c）SiCNF-C/C

图 9-9　三种复合材料在钢对偶件下的摩擦曲线

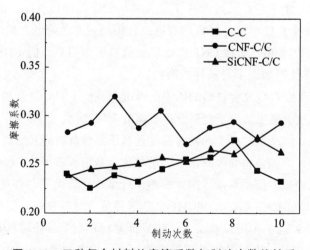

图 9-10　三种复合材料的摩擦系数与制动次数的关系

C/C、CNF-C/C 和 SiCNF-C/C 三种复合材料的摩擦系数与制动次数的关系如图 9-10 所示。三种复合材料的摩擦系数均随着制动次数波动。CNF-C/C 复合材料的摩擦系数与制动次数曲线的波动最剧烈，SiCNF-C/C 复合材料的摩擦系数与制动最平稳。这说明，SiCNF-C/C 复合材料与对偶件之间具有更好的制动稳定性，而 CNF 改性则降低了材料的制动稳定性。

2. 摩擦表面和磨屑形貌

图 9-11 所示为金属对偶时 C/C、CNF-C/C 和 SiCNF-C/C 三种复合材料及对偶件的摩擦宏观形貌。对 C/C 复合材料[见图 9-11（a）]，其摩擦表面存在些微犁沟划痕和少量蓝色金属光泽的磨屑，并在摩擦面的边缘形成了不连续的摩擦膜；对偶件[见图 9-11（b）]表面同样存在大量的犁沟划痕，并有片状的摩擦膜和略微发蓝的条纹出现。这说明摩擦过程中产生了磨粒磨损，同时蓝色磨屑和蓝色条纹的出现也说明了制动过程中发生了氧化磨损。图 9-12（a）是其磨屑的 SEM 照片，以细小薄片状磨屑为主，并存在大量的炭纤维。

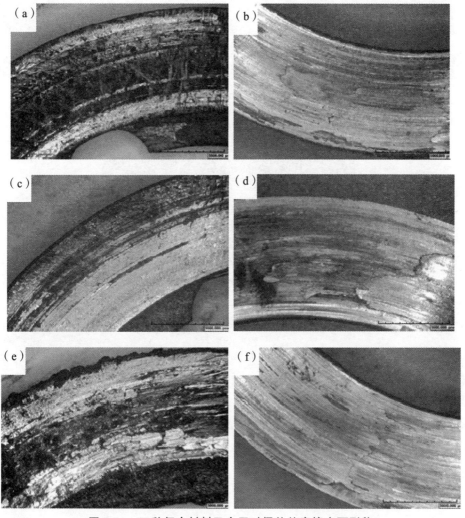

图 9-11 三种复合材料及金属对偶件的摩擦表面形貌

（a）、（b）C/C 复合材料及对偶；（c）、（d）CNF-C/C 复合材料及对偶；（e）、（f）SiCNF-C/C 复合材料及对偶

　　CNF-C/C 复合材料的摩擦表面形成了具有金属光泽的连续的摩擦膜[见图 9-11（c）]，其对偶件表面则出现了大片由黑色粉末颗粒组成的膜和大片蓝斑[见图 9-11（d）]，这说明在制动过程中产生了严重的粘着磨损，导致 CNF-C/C 复合材料转移到对偶件表面；在 CNF-C/C 复合材料的摩擦表面还存在许多犁沟划痕，这些划痕的深度和宽度均比 C/C 复合材料摩擦表面的大，且数目也多。观察其磨屑形貌如图 9-12（d）所示，以片状磨屑为主，并存在许多细小的颗粒。

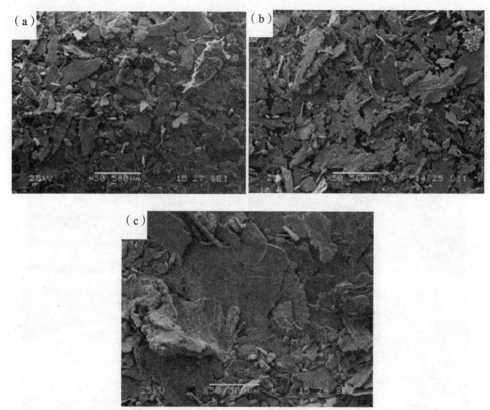

图 9-12　三种复合材料与金属对磨时的磨屑形貌
（a）C/C；（b）CNF-C/C；（c）SiCNF-C/C

　　SiCNF-C/C 复合材料表面没有明显的犁沟划痕，但出现了大量小片状的蓝色的摩擦膜，其对偶件表面没有明显的蓝斑，但有许多处出现了由黑色粉末形成的细小的膜。这说明在摩擦过程中 SiCNF-C/C 复合材料与金属对偶件产生了粘着磨损，导致两种材料相互转移。图 9-12（c）所示为由大片光滑的摩擦膜脱落形成的磨屑。SiCNF 具有固定磨削的作用，易在 SiCNF-C/C 复合材料表面形成大片的摩擦膜，摩擦膜在随后的摩擦过程中，在摩擦力和压力的作用下脱落，形成大片磨削。

　　3. 摩擦磨损机理

　　从上述分析可知，与金属对偶件对磨时，C/C 复合材料的磨损是以磨粒磨损为主，

CNF-C/C 复合材料的磨损是磨粒磨损和粘着磨损共同作用，而 SiCNF-C/C 复合材料则是粘着磨损为主。在三种复合材料的摩擦磨损过程中都伴随着材料表面氧化磨损。通过 EDS 分析，这三种复合材料摩擦过程中产生的磨屑主要成分为 Fe 和 C，SiCNF-C/C 复合材料的磨损中，还存在 Si。

从 9.1 节可知，对于材料的干滑动摩擦，其摩擦过程都存在三个重要的过程，微凸体的断裂，摩擦膜的形成以及摩擦膜的破坏。在本试验中，也存在三个相同的过程，但由于材料的成分组织不同，最终获得了不同的结果。对 C/C 复合材料，由于热解炭围绕炭纤维层状生长，在摩擦过程中形成了在摩擦过程中微凸体受到摩擦力的作用易从炭纤维表面分层脱落并形成细小的磨屑，这些磨屑在挤压力作用下形成摩擦膜，并在随后的摩擦过程中受到转动产生的剪切应力，在压应力和剪切应力综合作用下会断裂脱落产生大块磨屑。

对 CNF-C/C 复合材料，热解炭围绕 CNF 生长，形成颗粒状。刹车过程中，CNF-C/C 复合材料表面存在大量的颗粒状微凸体与对偶金属盘之间在载荷作用下产生高应力接触，导致在表面形成的犁沟数目增加，犁沟变深变宽，从而增强了犁沟作用。同时，由于 CNF 的存在，在摩擦过程中形成高强度的摩擦膜，改善了摩擦磨损性能。

对于 SiCNF-C/C 复合材料，SiCNF 的存在同样使得热解炭成颗粒状存在，但由于 SiCNF 硬度高、耐磨且在 SiCNF-C/C 复合材料中以面心立方 SiC 形式存在，使得 SiCNF-C/C 复合材料与硬度相近的钢对磨时，不容易形成磨粒磨损。然而，由于在 SiCNF 表面形成了 HT-PyC，在摩擦过程中，HT-PyC 易磨损，形成非常细小的磨屑，填充了摩擦表面的凹坑和孔隙，使得由 SiCNF 形成的微凸体与对偶件之间的表面由点接触改为面接触，从而导致粘着磨损。

9.4.2 自身对磨时纳米纤维改性 C/C 复合材料制动摩擦磨损性能

1. 摩擦磨损性能

在摩擦比压为 0.6 MPa，转动惯量为 0.25 kg·m^2，转速为 6 500 r/min，自身为对偶件时，测试 C/C、CNF-C/C 和 SiCNF-C/C 三种复合材料的摩擦磨损性能，其结果如表 9-2 所示。

从表 9-2 中可知，在对偶件为自身材料时，纳米纤维改性降低了 C/C 复合材料的摩擦系数和稳定系数。同时纳米纤维改性 C/C 复合材料的静盘和动盘的线性磨损也降低，尤其 CNF 改性更为明显，这说明纳米纤维改性可以提高 C/C 复合材料的磨损性能。

表 9-2　C/C、CNF-C/C 和 SiCNF-C/C 复合材料的制动摩擦磨损性能

试样	摩擦系数	稳定系数	刹车能量 /（J/cm^2）	次表面温度 /°C	静盘线性磨损 /[μm/（面·次）]	动盘线性磨损 /[（μm/（面·次）]
C/C	0.32	0.76	2 711.81	649	2.8	2.3
CNF-C/C	0.26	0.66	2 590.75	578	0.7	0.5
SiCNF-C/C	0.29	0.71	2 601.35	523	1.8	1.4

图 9-13 为 C/C、CNF-C/C 和 SiCNF-C/C 三种复合材料在自身对磨下相对应的典型摩擦系数曲线。从图 9-13（a）中可以看出，C/C 复合材料的制动过程较平稳，在刹车中期产生了少量振动。刹车初期，摩擦系数迅速升高，当摩擦系数达到最大值后，缓慢降低并趋于稳定，摩擦系数保持较高的数值；而刹车过程后期，出现了严重"拖尾"现象。相对 C/C 复合材料，CNF-C/C 复合材料的摩擦系数曲线响应快，曲线振动较剧烈，刹车时间最长，并在刹车后期出现了轻度"翘尾"现象，如图 9-13（b）所示。SiCNF-C/C 复合材料的摩擦曲线的形状和 CNF-C/C 复合材料类似，但相对于 CNFC/C 复合材料，刹车时间较短。

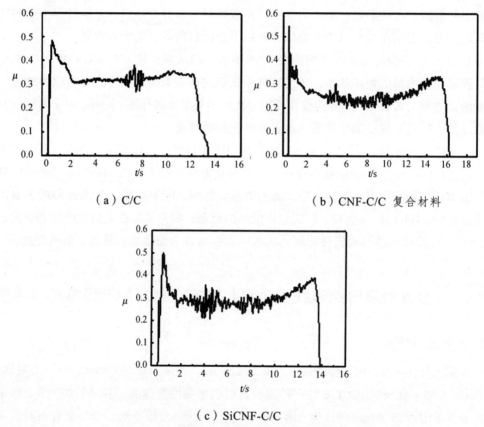

（a）C/C

（b）CNF-C/C 复合材料

（c）SiCNF-C/C

图 9-13　三种复合材料在自身对磨时的摩擦曲线

自身对偶时 C/C、CNF-C/C 和 SiCNF-C/C 三种复合材料的摩擦系数与制动次数的关系如图 9-14 所示。三种复合材料的摩擦系数均随着制动次数波动。CNF-C/C 复合材料的摩擦系数与制动系数曲线的波动最剧烈，SiCNF-C/C 复合材料的摩擦系数与制动曲线最平稳。这一规律和钢对偶件时的结果一致，这说明 SiCNF-C/C 复合材料与对偶件之间具有更好的制动稳定性，而 CNF 改性降低了材料的制动稳定性。但与钢对偶时三种复合材料的摩擦系数与制动系数曲线明显比自身对偶时波动剧烈，这是由对偶件的硬度不同造成的。

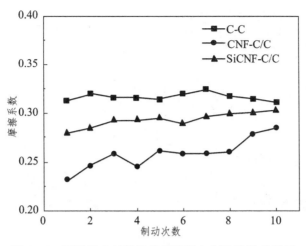

图 9-14　三种复合材料的摩擦系数与制动次数的关系

2. 摩擦表面和磨屑形貌

图 9-15 所示为自身对偶时 C/C、CNF-C/C 和 SiCNF-C/C 三种复合材料为动盘和静盘时的摩擦表面形貌。图 9-15（a）和（b）分别为以 C/C 复合材料为静盘和动盘时的摩擦表面形貌。静盘的摩擦表面形成了不平整的摩擦膜，并存在些微犁沟划痕和少量金属光泽的磨屑；动盘的摩擦表面形成了较为完整的摩擦膜，但存在明显的疲劳裂纹。图 9-16（b）所示为 C/C 复合材料摩擦后形成的磨屑的 SEM 照片，C/C 复合材料的磨屑以摩擦膜形成的大颗粒为主，出现大量的短纤维。

CNF-C/C 复合材料为静盘和动盘的摩擦表面形貌分别如图 9-15（c）和（d）所示。静盘的摩擦表面存在明显的因摩擦膜的撕裂和脱落而露出新鲜的表面。动盘的摩擦表面较为光滑平整，并形成较厚的摩擦膜。由于其磨屑很少，很难收集到，采用导电胶黏贴摩擦表面，所得磨屑形貌如图 9-16（b）所示。其磨屑由非常细小的颗粒组成。

图 9-15（e）和（f）所示为 SiCNF-C/C 材料静盘和动盘的摩擦表面。其动盘和静盘的摩擦表面状态和 C/C 复合材料相反，在静盘上出现了较为完整光滑的摩擦膜，而动盘表面的摩擦膜有明显的撕裂和脱落现象，形成了大块的磨屑。

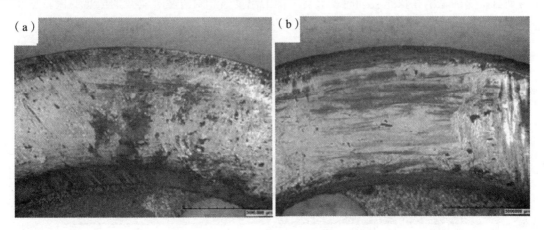

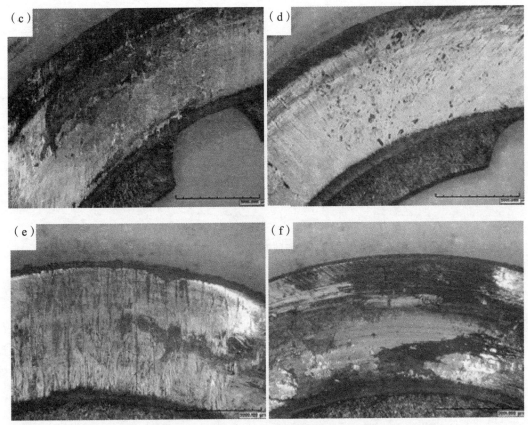

图 9-15　三种复合材料在自身对磨时静盘和动盘的摩擦表面形貌

（a）、（b）C/C 复合材料的静盘和动盘；（c）、（d）CNF-C/C 复合材料的静盘和动盘；
（e）、（f）SiCNF-C/C 复合材料的静盘和动盘。

对摩擦表面的分析可知，同一种复合材料为动盘和静盘时，在摩擦过程中形成了不同形态的摩擦表面。这是因为动盘和静盘在摩擦过程中受到的摩擦力方向不同。动盘受到与转动方向相反的摩擦力，静盘阻碍动盘的转动。动盘在转动过程中存在一个机械能转化为热能的过程，从而其表面温度在转动过程中缓慢升高，当与静盘摩擦时会瞬间释放大量的热能，由于与动盘相邻的轴承在快速转动时就具有一定的温度，相对静盘，动盘的散热要慢，从而造成动盘和静盘的摩擦表面形态不同。

图 9-16 三种复合材料自身对磨时的磨屑形貌

（a）C/C；（b）CNF-C/C；（c）SiCNF-C/C 复合材料

3. 摩擦磨损机理

从上述分析可知，自身对磨时，纳米纤维改性降低了 C/C 复合材料的摩擦系数，同时也减少了磨损。这结果和与金属对磨时（见 9.3.1 节）略微不同。这是因为与金属对磨时，是硬的材料和软的材料之间的摩擦，而自身对磨则是硬度和力学性能都相同的材料之间的摩擦。

自身对磨时，C/C 复合材料中，摩擦副之间的微凸体在压力和摩擦力作用下断裂形成微小的磨屑，这些磨屑又在压力下形成摩擦膜覆盖在摩擦表面，在随后的摩擦过程中，摩擦膜产生塑性剪切变形并不断积累。同时在压力和摩擦力作用下，摩擦表面很容易产生微裂纹，从而使得摩擦膜从材料表面脱落。

CNF 改性后，形成了粗糙层热解炭，在摩擦过程中，易发生分层脱落，形成细小的层状磨屑，同时 CNF 改性 C/C 复合材料中的孔隙小，细小的层状磨屑易填满孔隙，形成大片的摩擦膜，从而减低了摩擦系数。由于 CNF 改性改善了炭纤维与基体之间的界面，导致摩擦表面微裂纹的消耗和吸收，也减少了磨屑的产生。

相对于 CNF，SiCNF 的硬度较高，SiCNF 在摩擦过程中以硬质点的形式存在，从而增大了摩擦系数；同时，SiCNF 硬度高，由 SiCNF 形成的磨屑也具有较高硬度，从而增大了基体炭的磨损。

9.4.3 不同摩擦速度时纳米纤维改性 C/C 复合材料制动摩擦磨损性能

采用在摩擦比压为 1.0 MPa，转动惯量为 0.1 kg·m²，转动速度分别为 1 500、3 000、4 500、6 000 和 7 500 r/min，测试不同速度下 NF 改性前后 C/C 复合材料摩擦磨损性能。

图 9-17 所示为 C/C、CNF-C/C 和 SiCNF-C/C 三种复合材料的摩擦系数和稳定系数随摩擦速度变化曲线。从图 9-17（a）中可知，在速度相同时，纳米纤维改性提高了 C/C 复合材料

的摩擦系数。但纳米纤维改性导致复合材料摩擦系数与速度的曲线形状发生变化。C/C 复合材料的摩擦系数随着摩擦速度的升高先增加后减小，出现一个明显的峰值，最大摩擦系数和最小摩擦系数相差 0.08。CNF-C/C 复合材料的摩擦系数随摩擦速度波动，其摩擦系数与速度曲线为 "M" 型，最大摩擦系数和最小摩擦系数相差 0.09。SiCNF-C/C 复合材料的摩擦系数与速度曲线和 C/C 相同，最大摩擦系数和最小摩擦系数相差 0.11。这说明，纳米纤维改性使得摩擦系数随摩擦速度的变化更为明显。

纳米纤维改性 C/C 复合材料的稳定系数的变化与纳米纤维的种类有关[见图 9-17（b）]。CNF 改性时，提高了复合材料在相同摩擦速度时的稳定系数；而 SiCNF 改性 C/C 复合材料的稳定系数与摩擦速度有关。

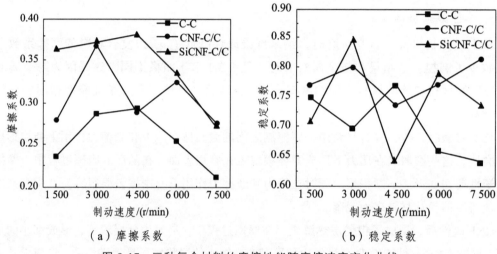

（a）摩擦系数   （b）稳定系数

图 9-17　三种复合材料的摩擦性能随摩擦速度变化曲线

图 9-18 所示为 C/C、CNF-C/C 和 SiCNF-C/C 三种复合材料的线性磨损和质量磨损随摩擦速度变化曲线。从图 9-18（a）可知，在不同速度下纳米纤维改性对复合材料的线性磨损影响不同。这是因为在材料表面存在着摩擦膜，摩擦膜的厚度和大小影响线性磨损的测量。在不同速度下，由同一复合材料摩擦形成的摩擦膜也不同。因为摩擦速度不同时，材料受到的摩擦力不同，摩擦膜的形成和破坏速度也会发生变化，从而造成了材料的线性磨损的变化。

三种复合材料的线性磨损都随着摩擦速度的升高呈现波动，而质量磨损则随摩擦速度的升高而升高[见图 9-18（b）]。线性磨损和质量磨损的变化规律不同是因为复合材料在摩擦时发生了氧化。在摩擦过程中，释放了大量的摩擦热，从而造成摩擦表面温度急剧升高。由于材料的导热性能不同，热能的传递速度也不同，从而造成不同材料表面的瞬时温度不同。从第 4 章可知，纳米纤维改性后 C/C 复合材料的导热性能提高，使得摩擦热能在更短时间内传递并消耗，从而导致材料的温度降低。此外，从第 6 章分析可知，纳米纤维改性改善了 C/C 复合材料的氧化性能。因此，纳米纤维改性 C/C 复合材料在摩擦过程中，由温度升高引起的磨损（包括氧化磨损和温度场变化引起的粘着磨损）将大幅度降低，从而降低了材料的质量磨损。

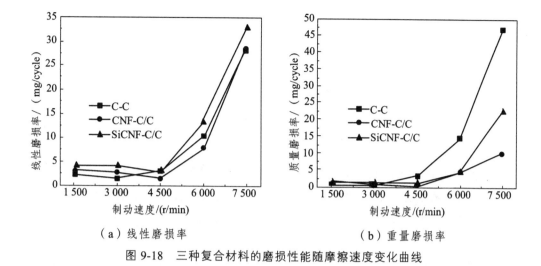

（a）线性磨损率　　　　　　　　（b）重量磨损率

图 9-18　三种复合材料的磨损性能随摩擦速度变化曲线

9.5　本章小结

（1）在往复摩擦过程中，纳米纤维改性 C/C 复合材料的摩擦过程更加稳定，磨损量也减小。当摩擦速度小于 1 000 次/min 时，纳米纤维改性 C/C 复合材料的摩擦系数均低于 C/C 复合材料；而摩擦速度大于 1 000 次/min 时，纳米纤维改性 C/C 复合材料的摩擦系数均高于 C/C 复合材料。

（2）纳米纤维改性前后 C/C 复合材料的摩擦行为可以采用相同的摩擦机理解释，即摩擦系数是由微凸体的机械变形、磨粒和表面硬微凸体的犁沟作用以及平坦表面的黏着这三者综合作用的结果。原位生长纳米纤维后，形成了易分层的粗糙层热解炭，改变了热解炭与摩擦力之间的方向，形成了纳米纤维增强热解炭复合结构的基体，这种复合结构的基体在摩擦过程中形成高强度高模量的摩擦膜，从而影响复合材料的摩擦性能。

（3）纳米纤维改性改变了 C/C 复合材料摩擦磨损过程中主要的磨损形式，减少了磨损。C/C 复合材料主要以磨粒磨损为主，伴随着粘着磨损和疲劳磨损。CNF-C/C 复合材料则主要以粘着磨损为主，伴随着磨粒磨损和疲劳磨损。SiCNF-C/C 复合材料则是磨粒磨损和粘着磨损同时作用，并伴随疲劳磨损。

（4）不同对偶件时，纳米纤维改性对 C/C 复合材料的制动摩擦性能影响不同。与金属对磨时，纳米纤维改性提高了 C/C 复合材料的摩擦系数，而自身对磨时，则降低了复合材料的摩擦系数；但都降低了摩擦曲线的稳定性和磨损量。

（5）不同摩擦速度时，纳米纤维改性均提高了自身对磨时的摩擦系数，但纳米纤维改性使得摩擦系数随摩擦速度的变化更为明显。制动过程的稳定性与纳米纤维的种类有关。CNF改性时，不仅提高了复合材料在制动过程的稳定性，还减缓了复合材料的制动过程稳定系数随摩擦速度的波动。SiCNF 改性使得复合材料的稳定系数随摩擦速度的增加波动更加剧烈。

10 结 论

（1）炭纤维表面 CCVD 原位生长纳米炭改性时，工艺因素对改性效果的影响为：

① 短时间电镀的方法，获得了晶体特征明显的仙人球状镍催化剂颗粒，适合于作为 CCVD 原位生长 CNT/CNF 的催化剂。通过控制电镀镍颗粒形态和化学气相沉积工艺制备出了球状或棒状炭颗粒、木耳状炭片和 CNT/CNF。

② 电镀镍良好的催化特性和合适的 PyC 沉积速度，是 CCVD 生长 CNT/CNF 的关键。本实验的最佳工艺为：电镀时间 5 min，温度 1 173 K，沉积时间 4 h，C_3H_6、H_2 和 N_2 的流量分别为 30、200 和 400 mL/min，沉积压力 700 ~ 1 000 Pa。

③ 电镀镍 CCVD 生长 CNT/CNF 的机理，主要包括镍颗粒高温断裂和 PyC 在镍颗粒上优先吸附并定向析出，沉积前期，CNT/CNF 的直径由镍催化剂颗粒直径决定，沉积后期，PyC 在 CNT/CNF 表面沉积使其直径增大。

（2）以电镀镍为催化剂，采用 CCVD 生长 SiCNF 的方法，对炭纤维表面进行了纳米改性：

① 电镀镍催化剂颗粒越细小，分布越均匀，CCVD 生长的β-SiC 纳米纤维则越细长，分布也越均匀。

② 电镀镍时间越长，炭纤维表面的镍纳米颗粒越多，气相生长时 SiC 纳米纤维的生长速度也越快。SiC 纳米纤维的生长速度经历孕育期后，在 4 h 左右达到最大值，此后的增重主要靠 SiCNF 增粗达到。在 8 h 后，电镀 Ni 的试样的稳定增重速度快于未电镀的对比样，原因在于催化生长的 SiCNF 增加了炭纤维的比表面积和表面活性，使 SiC 在 SiCNF 表面 CVD 速度更快。

③ 控制好合适的沉积工艺，有利于镍催化剂保持完整的晶面特性和保持合适的 CCVD 生长速度，充分发挥其催化效果，促使 CCVD 生长的 SiCNF 细长而且均匀分布。控制电镀电流在 100 mA，电镀时间为 5 min 时，沉积温度为 1 273 K 和合适的炉内气氛，CCVD 生长 SiCNF 的形态最佳。

（3）采用表面电镀镍、原位 CCVD 生长 CNT/CNF 或 SiCNF 的无纬布，CVD PyC 增密制备了 NF 改性 C/C 复合材料，对纳米纤维改性 C/C 复合材料的结构分析表明：

① 原位 CCVD 生长、高取向度的 CNT/CNF 或 SiCNF，改变了炭纤维的表面特性，在 CVD 增密过程中，诱导了 PyC 在炭纤维表面沉积生成了较高石墨化度，较大石墨微晶尺寸的高织构界面层。

② 原位 CCVD 各向生长的 CNT/CNF 或 SiCNF，不仅增大了炭纤维的比表面积，而且在炭纤维之间形成了很好的"桥联"，改善了 PyC 在炭纤维上的沉积模式，形成了很好的结合界面，有利于提高了 C/C 复合材料的性能。

③ 纳米纤维诱导形成高织构热解炭（HT-PyC），并导致炭纤维与炭基体之间形成了一层界面层：包覆在 CNF 表面的 PyC 以 HT-PyC 的形式存在，并且在炭纤维与基体之间形成一层依次由 MT-PyC、CNF + HT-PyC 组成的界面层；而包覆在 SiCNF 表面的 PyC 以 MT-PyC 和 HT-PyC 两种形式存在，MT-PyC 介于 SiCNF 和 HT-PyC 之间，并在炭纤维与基体之间形成了一层由 MT-PyC、SiCNF 以及 HT-PyC 组成的界面层。

（4）研究了纳米纤维改性 C/C 复合材料的力学性能，探讨了不同纳米纤维改性对 C/C 复合材料力学性能的影响机理：

① 纳米纤维改性后，C/C 复合材料（尤其是界面区域和热解炭区域）的显微硬度显著提高，从而导致纳米纤维改性 C/C 复合材料表现出更高的表观硬度。由于 SiC 本身具有极高的硬度，相对 CNF 改性，SiCNF 改性对 C/C 复合材料硬度的影响更加显著。

② 纳米纤维改性后，CNF-C/C 复合材料的弯曲强度、压缩强度和冲击韧性分别提高了42%、84%和23%，而 SiCNF-C/C 复合材料则分别提高了 20%、69%和200%；在平行炭纤维方向，CNF-C/C 复合材料的弯曲强度、压缩强度和冲击韧性分别提高了 58%、53%和33%，SiCNF-C/C 复合材料则分别提高了 47%、52%和43%。CNF 和 SiCNF 改性后复合材料的层间剪切强度分别提高了 78%和60%。

③ 纳米纤维改性后，一方面基体炭由简单的光滑层热解炭转变为纳米纤维增强粗糙层热解炭复合结构，基体炭本身强度提高；另一方面，纤维与基体的界面结合状态优化，形成了由多结构组成的复合界面层，进一步提高了 C/C 复合材料的弯曲强度、层间剪切强度、压缩强度及冲击韧性等力学性能。

（5）研究了纳米纤维改性 C/C 复合材料的导热性能，探讨了不同纳米纤维改性对 C/C 复合材料导热性能的影响机理：

① 纳米纤维具有高导热性能，并诱导热解炭的沉积，形成了具有较高导热性能的 HT-PyC，改善了炭纤维与基体的界面，同时，改变了 C/C 复合材料中的孔隙大小和分布，从而提高 C/C 复合材料的导热性能。

② 由于不同纳米纤维的导热性能存在方向上的差异，不同的纳米纤维对 C/C 复合材料的导热性能影响不同。CNF 改性主要提高了 C/C 复合材料在垂直方向的导热性能，而 SiCNF 改性则明显提高了 C/C 复合材料平行方向的导热性能。

③ 通过简单模拟纳米纤维改性单向 C/C 复合材料导热性能的模型发现，纳米纤维改变了热解炭的生长方向，导致热解炭中的石墨层片垂直炭纤维轴向生长，从而改变了不同方向上的 C/C 复合材料导热性能。

（6）研究了原位生长纳米纤维对炭纤维本身以及 C/C 复合材料的氧化性能，通过氧化动力学分析，探讨了纳米纤维改性 C/C 复合材料的氧化机理，并研究了纳米纤维改性对短时间氧化后 C/C 复合材料的力学性能的影响：

① CNF 改性后炭纤维表面比表面积增大，活性点增加，加速了炭纤维的氧化；而 SiCNF 氧化形成 SiO_2 纤维保护了炭纤维，SiCNF 改性后炭纤维的氧化速率减小。

② 纳米纤维诱导热解炭沉积，减少了活性碳原子，从而降低了纳米纤维改性 C/C 复合材料的活性，提高了起始氧化温度。同时，纳米纤维改性提高了其复合材料的石墨化度，导

致了较高的表观活化能，从而提高了复合材料的抗氧化性能。

③ 不同纳米纤维对 C/C 复合材料结构的影响不同，导致复合材料具有不同的氧化行为。CNF-C/C 复合材料的氧化从材料表层以及 CNF 开始，炭纤维因受到 MT-PyC 的保护而具有较好的力学性能；SiCNF-C/C 复合材料的氧化同时从材料表层和炭纤维皮层开始，损害了炭纤维的强度，故其抗弯强度相对 C/C 复合材料较低。

（7）研究了不同工况条件下，纳米纤维改性对 C/C 复合材料摩擦磨损性能的影响，探讨了原位生长纳米纤维对 C/C 复合材料摩擦磨损性能影响的一般规律：

① 纳米纤维改性改变了 C/C 复合材料在摩擦过程中摩擦膜的形成和破坏过程，影响了复合材料的摩擦磨损行为。

② 原位生长纳米纤维后，形成了易分层的 HT-PyC，并改变了热解炭中石墨层片与摩擦力之间的方向，形成了高强度高模量的摩擦膜，从而影响复合材料的摩擦性能。

③ 纳米纤维改性改变了 C/C 复合材料在摩擦磨损过程中主要的磨损形式，从而减少了磨损。C/C 复合材料主要以磨粒磨损为主；CNF-C/C 复合材料则主要以粘着磨损为主，SiCNF-C/C 复合材料则是磨粒磨损和粘着磨损共同作用。

参考文献

[1] WINDHORST T, BLOUNT G. Carbon-carbon: a summary of resend developments and applications[J]. Materials & Design, 1997, 18(1):11-15.

[2] Kanari M, Tanaka K, Baba S, et al. Nanoindentation behavior of a two-dimensional carbon-carbon composite for nuclear applications[J]. Carbon, 1997, 35(10-11): 1429-1437.

[3] 贺福. 炭纤维及其复合材料[M]. 北京：科学出版社, 2004.

[4] 沈曾民. 新型碳材料[M]. 北京：化学工业出版社，2003.

[5] 罗瑞盈. 航空刹车及发动机用炭/炭复合材料的研究应用现状[J]. 炭素技术 2001（4）: 27-29.

[6] Xue L Z, Li K Z, Jia Y, at al. Hypervelocity impact behavior and residual flexural strength of C/C composites[J]. Vacuum, 2017: 144.

[7] Hu Z J, HuttingerKJ. Influence of pressure, temperature and surface area/volume ratio on the texture of pyrolytic carbon deposited from methane[J]. Carbon, 2003, 41(4): 749-758.

[8] 孙万昌，李贺军，卢锦花. 不同层次界面对 C/C 复合材料断裂行为的影响[J]. 无机材料学报，2005，20（6）：1457-1462.

[9] Reznik B, Guellali M, Gerthsen D, et al. Microstructure and mechanical properties of carbon carbon composites with multilayered pyrocarbon matrix [J]. Materials Letters, 2002, 52 (1): 14-19.

[10] 宋永善，齐乐华，张守阳，张佳平，李逸仙. C/C 复合材料微观尺度烧蚀形貌演变研究[J]. 机械科学与技术，2018，37（05）:787-791.

[11] Chen W. Numerical analyses of ablative behavior of C/C composite materials[J]. International Journal of Heat and Mass Transfer,2016,95.

[12] Rietsch J, Dentzer J, Dufour A, et al. Characterizations of C/C composites and wear debris after heavy braking demands [J]. Carbon, 2009, 47(1): 85-93.

[13] 徐国忠，李贺军，白瑞成. 新技术制备 C/C 复合材料及特性研究[J]. 无机材料学报，2006，21（6）：1385-1390.

[14] 廖寄乔. 热解炭微观结构对 C/C 复合材料性能影响的研究[D]. 长沙：中南大学，2003.

[15] 熊翔. 炭/炭复合材料制动性能研究[D]. 长沙：中南大学，2004.

[16] 邹林华. 航空刹车用 C/C 复合材料的结构及其性能[D]. 长沙：中南大学，1999.

[17] Pu TiY, Peng WZ. Microstructures in 3D carbon Carbon composites [J]. Ceramics International, 1998, 24 (8): 605-609.

[18] Blazewicz S, Blocki J, Chlopek J, et al. Thin C/C composite shells for high energy physics: Manufacture and properties[J]. Carbon, 1996, 34 (11): 1393-1399.

[19] Taylor Craig A, Wayne Mark F, Chiu Wilson K S. Heat treatment of thin carbon films and the effect on residual stress, modulus, thermal expansion and microstructure [J]. Carbon, 2003, 41(10):1867-1875.

[20] Baxter R I, Rawlings R D, Iwashita N, et al. Effect of chemical vapor infiltration on erosion and thermal properties of porous carbon/carbon composite thermal insulation [J]. Carbon, 2000, 38:441-449.

[21] 汤中华，张海波. 热梯度 CVI C/C 复合材料的结构与性能[J]. 中国有色金属学报 2003，3:631-655.

[22] Zhao J G, Li KZ, Li HJ. The influence of thermal gradient on pyrocarbon deposition of carbon/carbon composites during the CVD process [J]. Carbon, 2006, 44(4): 786-791.

[23] Rovillain D, Trinquecoste M, Bruneton E, et al. Film boiling chemical vapor infiltration: An experimental study on carbon/carbon composite materials [J]. Carbon, 2001, 39: 1355.

[24] 孙万昌，李贺军，张守阳，等. 快速液相气化法制备碳/碳复合材料研究进展[J]. 硅酸盐学报，2002，30（4）：513-516.

[25] Buckley J D. Carbon-carbon, an overview [J]. Ceram Bell, 1988,67(2): 364-368.

[26] Buckley J D. carbon/carbon materials and composites[M]. Park Ridge: Noyes 1993: 71 ~ 104.

[27] 贺福. 炭纤维及其应用技术[M]. 北京：化学工业出版社，2004：1-54.

[28] 毕燕洪，罗瑞盈，李进松，等. 预制体结构对炭/炭复合材料氧化行为的影响[J]. 航空学报，2006，27（6）：1217-1222.

[29] 王蕾. 快速 CVI 法制备平板 C/C 复合材料[D]. 长沙:中南大学，2009.

[30] 范本勇，陈宁，张宝东，等. CVI 法制备先进陶瓷基复合材料[J]. 现代陶瓷技术，2004，25（3）.

[31] 李贺军. 炭/炭复合材料[J]. 新型炭材料，2001，16（2）：124-136.

[32] Bertrand S, Lavaud J F, Hadi R E, et al. The thermal gradient—pulse flow CVI process: A new chemical vapor infiltration technique for the densification of fibre preforms[J]. J. Euro. Ceram. Soci, 1998, 18(7): 857-870.

[33] Tang Z H, Qu D N, Xiong J, et al. Effects of infiltration conditions on the densification behavior of carbon/carbon composites prepared by a directional-flow thermal gradient CVI

process[J]. Carbon, 2003, 41(14): 2703-2710.

[34] Dong Geun Hwang,Gui Yung Chung. Studies on the effects of the concentration in the preparation of C/C composites by the CVI process of propane[J]. Journal of Industrial and Engineering Chemistry,2012,18(3).

[35] Wang J P, Qian J M, Qiao G J, et al. Improvement of film boiling chemical vapor infiltration process for fabrication of large size C/C composite[J]. Mater. Lett, 2006, 60(9   10): 1269-1272.

[36] Farhan S, Li K Z, and Guo L J. Novel thermal gradient chemical vapor infiltration process for carbon-carbon composites[J]. New Carbon Materials, 2007, 22(3): 247-252.

[37] Chen J X, Xiong X, Huang Q Z, et al. Densification mechanism of chemical vapor infiltration technology for carbon/carbon composites[J]. Transactions of Nonferrous Metals Society of China, 2007, 17(3): 519-522.

[38] Zeng X R, Zou J Z, Qian H X, et al. Microwave assisted chemical vapor infiltration for the rapid fabrication of carbon/carbon composites[J]. New Carbon Materials, 2009, 24(1): 28-32.

[39] Zhang M Y, Wang L P, Huang Q Z, et al. Rapid chemical vapor infiltration of C/C composites[J]. Transactions of Nonferrous Metals Society of China, 2009, 19(6): 1436-1439.

[40] Zhang Y F, Luo R Y. Influence of infiltration pressure on densification rate and microstructure of pyrocarbon during chemical vapor infiltration[J]. New Carbon Materials, 2012, 27(1): 42-48.

[41] Wu X, Luo R, Zhang J, et al. Kinetics of thermal gradient chemical vapor infiltration of large-size carbon/carbon composites with vaporized kerosene[J]. Materials Chemistry and Physics, 2009, 113(2   3): 616-621.

[42] Li A, Norinaga K, Zhang W, et al. Modeling and simulation of materials synthesis: Chemical vapor deposition and infiltration of pyrolytic carbon[J]. Compos. Sci. Techn., 2008, 68(5): 1097-1104.

[43] Langhoff T A, Schnack E. Modelling chemical vapour infiltration of pyrolytic carbon as moving boundary problem[J]. Chemical Engineering Science, 2008, 63(15): 3948-3959.

[44] Guan K, Cheng L, Zeng Q, et al. Modeling of pore structure evolution within the fiber bundle during chemical vapor infiltration process[J]. Chemical Engineering Science, 2011, 66(23): 5852-5861.

[45] Michio I, Kang F Y. Carbon materials science and engineering-from fundamentals to applications[M]. Beijing: Tsinghua University, 2006.

[46] 黄伯云, 熊翔. 高性能炭/炭航空制动材料的制备技术[M]. 长沙：湖南科技出版社, 2007.

[47] 王增辉，高晋生. 碳素材料[M]. 上海：华东化工学院出版社，1991.

[48] Magali R, Stephane J, Jacques L, et al. Characterization of fiber/matrix interfaces in carbon/carbon composites. Compos Sci Technol, 2009, 69(9): 1442-1446.

[49] 陈腾飞. 炭纤维坯体结构及增密方式对炭炭复合材料界面及性能的影响研究[D]. 长沙：中南大学，2003.

[50] Blanco C, Casal E, Granda M, et al. Influence of fiber-matrix interface on the fracture behavior of carbon-carbon composites. J Eur Ceram Soc, 2003, 23(15): 2857-2866.

[51] 陈洁. C/C 复合材料的导热性能研究[D]. 长沙：中南大学，2009.

[52] 孙威. 炭/炭复合材料抗烧蚀 ZrC 涂层的制备、结构和性能[D]. 长沙：中南大学，2010.

[53] 曾汉民. 炭纤维及其复合材料显微图像[M]. 广州：中山大学出版社，1990.

[54] 陈建桥. 复合材料力学概论[M]. 北京：科学出版社，2006.

[55] Zhang W G, Hu Z J, Hüttinger K J. Chemical vapor infiltration of carbon fiber felt: Optimization of densification and carbon microstructure[J]. Carbon, 2002, 40: 2529-2545.

[56] Hu Z J, Hüttinger K J. Chemical vapor infiltration of carbon-revised: Part Ⅱ: Experomental results[J]. Carbon, 2001, 39: 1023-1032.

[57] 李崇俊，霍肖旭，金志浩. 编织销钉炭/炭复合材料界面微观结构探讨[J]. 新型炭材料，2000，15（2）：43-47.

[58] Pu T Y, Peng W Z. Microstructures in 3D carbon Carbon composites[J]. Ceramics International, 1998, 24(8): 605-609.

[59] 黄启忠. 高性能炭/炭复合材料的制备、结构与应用[M]. 长沙：中南大学出版社，2010.

[60] Lacoste M, Lacombe A, Joyez P, et al. Carbon/Carbon extendible Nozzles[J]. Acta Astronautica, 2002, 50(6): 357-367.

[61] 罗瑞盈. 碳/碳复合材料制备工艺及研究现状[J]. 兵器材料科学与工程，1998，21（1）：64-70.

[62] 廖寄乔. 热解炭微观结构对 C/C 复合材料性能影响的研究[D]. 长沙：中南大学，2003.

[63] 冉丽萍，易茂中，王朝胜，等. 炭/炭复合材料密封性能的研究[J]. 机械工程材料，2006，30（11）：29-32.

[64] 黄荔海，李贺军，刘浩. 碳/碳复合材料密封性能分析[J]. 材料科学与工程学报，2006，24（6）：826-829.

[65] 李翠云，李辅安. 碳/碳复合材料的应用研究[J]. 化工新型材料，2006，34（3）：18-20.

[66] 赵稼祥. 世界高性能炭纤维的现状与发展[J]. 炭素技术，1994，1：27-30

[67] 赵稼祥, 王曼霞. 复合材料用高性能炭纤维的发展和应用[J]. 新型炭材料, 2000, 15(1): 68-75

[68] 赵稼祥. 2002 年世界炭纤维前景[J]. 高科技纤维与应用，2002，27（6）:6-9.

[69] J.B.Dennet，R.C.Bansal. 炭纤维[M]. 北京:科学出版社，1989.

[70] 陈绍杰，申屠年. 先进复合材料的近期发展趋势[J]. 高科技纤维与应用，2004，29（1）: 1-7.

[71] 陈绍杰. 先进复合材料的民用研究与发展[J]. 材料导报，2000，14（11）:8-10.

[72] 王茂章，贺福. 炭纤维的制造、性质及其应用[M]. 北京:科学出版社，1984.

[73] 夏春霞，闫亚明. PAN 基炭纤维经济规模分析[J]，新型炭材料，2001，16（4）:58-62.

[74] 张旺玺. 聚丙烯腈基炭纤维的新进展[J]. 高科技纤维与应用，2001，5:12-16.

[75] 西鹏，高晶. 高技术纤维[M]. 北京:化学工业出版社，2004.

[76] 贺福，王茂章. 炭纤维及其复合材料[M]. 北京:科学出版社，1997

[77] Dobb M G, Guo H, Johnson D J, et al. Structure-compressional property relations in carbon fibres[J]. Carbon, 1995, 33(11): 1553-1559.

[78] 王延相，王成国，朱波，等. 聚丙烯腈基炭纤维制备过程中表面形态和结构研究[J]. 新型碳材料，2005，20（1）:51-57.

[79] Pittman C L, Jr Jung W, Yue G 1i, Gardner S,et al. Surface properties of electrochemically oxidized carbon fibers [J]. Carbon 1999, 37 (11):1797-1807.

[80] 张乾，谢发勤，炭纤维的表面改性研究进展[J]. 金属热处理，2001，26（8）:1-4

[81] L M Manocha, O P Banh1, Y K Singh. Mechanical behaviour of carbon-carbon composites made with surface treated carbon fibers[J]. Carbon.1989, 27(3): 381-387.

[82] 张红波，刘洪波，李艳芬，等. 几种 PAN 基炭纤维的氧化特性研究[J]. 炭素，2002（1）: 3-5

[83] 邓红兵，崔万继. 高变形率低密度碳/碳复合材料的研究[J]. 固体火箭技术，1997，20（2）: 57-60

[84] 信春玲,王培华. 空气氧化刻蚀提高 PAN 基炭纤维抗拉强度的研究[J]. 炭素技术,2002，3 :16-20

[85] Haiqin Rong, Zhenyu Ryu, Jingtang Zheng, et al. Effect of air oxidation of Rayon-based activated carbon fibers on the adsorption behavior for formaldehyde [J]. Carbon, 2002, 40(13): 2291-2300

[86] 冀克俭，邓卫华，陈刚，等. 臭氧处理对炭纤维表面及其复合材料性能的影响[J]. 工程塑料应用，2003，5：34-39

[87] 李向山，张萍. 实验室用光氧化法炭纤维表面处理装置[J]. 炭素技术，1994，6:20-23.

[88] 赵立新，郑立允，魏效玲，等. 炭纤维空气氧化处理对聚合物基复合材料影响的机理[J]. 河北建筑科技学院学报，2002，4 :51-53

[89] 杨永岗，贺福. 气液双效表面处理方法的应用[J]. 新型炭材料，1999，4:49-52

[90] 杨永岗，贺福，王茂章，等. 气液双效法对炭纤维力学性能的影响[J]. 炭素技术，1998，1:11-13

[91] C U Pittman Jr, W. Jiang, Z R Yue, Surface properties of electrochemically oxidized carbon fibers [J]. Carbon, 1999, 37(11):1797-1807

[92] Hailin Cao, Yudong Huang. Uniform modification of carbon fibers surface in 3-D fabrics using intermittent electrochemical treatment[J]. Composites Science and Technology, 2005, 65（11-12），:1655-1662

[93] 朱泉，吴婵娟. 电化学氧化对粘胶基炭纤维表面性质的影响研究[J]. 纺织学报，1997，18（3）:138-142

[94] 余木火，赵世平. 粘胶基炭纤维连续式电化学氧化表面处理（1）-炭纤维表面的物理化学性能[J]. 玻璃钢/复合材料，2000，1: 23-27

[95] 刘杰，郭云霞，梁节英. 炭纤维电化学氧化表面处理效果的动态力学热分析研究[J]. 复合材料学报，2004，4: 40-44.

[96] 杨小平，袁承军，吕亚非. 通用级沥青基炭纤维的表面处理及增强 ABS 复合材料力学性能的研究[J]. 新型炭材料，1999，4: 34-40.

[97] 王成忠，杨小平，于运花，等. XPS，AFM 研究沥青基炭纤维电化学表面处理过程的机制[J]. 复合材料学报，2002，5: 28-32.

[98] 王成忠,杨小平,刘承坤. C 型炭纤维阳极氧化处理及其增强 ABS 复合材料的研究[J]. 炭素技术，2001，1: 4-7.

[99] 刘丽，傅宏俊，黄玉东，等. 炭纤维表面处理及其对炭纤维/聚芳基乙炔复合材料力学性能的影响[J]. 航空材料学报，2005，2: 59-62.

[100] Z R Yue, W Jiang, Surface characterization of electrochemically oxidized carbon fibers [J]. Carbon, 1999, 37（11）:1785-1796

[101] 黄强，黄永秋. 电化学表面处理对粘胶基炭纤维热稳定性的影响[J]. 东华大学学报（自然科学版），2002，6:118-121

[102] 关新春，韩宝国，欧进萍，等. 表面氧化处理对炭纤维及其水泥石性能的影响[J]. 材料科学与工艺，2003，4:342-346

[103] 闫联生，陈增解. 表面氧化处理对提高碳/酚醛材料性能的影响[J]. 固体火箭技术，1999，3:50-54

[104] 卫建军，宋进仁，刘朗. 炭纤维表面处理对短炭纤维增强 C/C 复合材料强度的影响[J]. 炭素技术，1999，2:24-27

[105] 翟更太，郝露霞，岳秀珍. 表面氧化处理对炭纤维及炭/炭复合材料力学性能的影响[J]. 新型炭材料，1998，13（4）: 50-54

[106] 张红萍，唐爱东. 炭纤维表面用化学气相沉积法涂覆碳化硼的研究[J]. 炭素技术，2004，

5:1-5

[107] 王玉庆，郑久红，等. 炭纤维表面涂覆 SiC 层及其用于制备 CF／Al 复合材料[J]. 金属学报，1994，30（4）:194-198

[108] 杨昕，陈惠芳，潘鼎. 热解条件对粘胶基炭纤维（RCF）抗拉强度的影响[J]. 炭素，2001，4:23-28

[109] S Lu, B Rand, K D Bartle, A W Reid, Novel oxidation resistant carbon-silicon alloy fibers[J]. Carbon, 1997, 35（10-11）:1485-1493

[110] 王浩伟，储双杰，吴人洁，等. 用于 C-Al 复合材料的 C 纤维表面多功能梯度涂层[J]. 机械工程学报，1996，1:16-20.

[111] 凌立成，吕春祥. 一种用于炭纤维补强的炭化炉[P]，中国专利: ZL02247163.4.

[112] 曾庆冰. 溶胶-凝胶法 TiO$_2$ 涂层炭纤维增强铝基复合材料的研制[J]. 高分子材料科学与工程，1999，15（4）：171-175.

[113] 邓红兵，崔万继，马伯信，等. 涂层液相氧化混合处理提高炭纤维的本体性能[J]. 西北工业大学学报，1997，15（2）：325-326.

[114] 李银奎，张长瑞，龙永福，等. 炭纤维表面涂碳及涂碳后纤维强度测定[J]. 高分子材料科学与工程，1999，2:82-85.

[115] 田茂忠，魏月珍，张志谦. 稀土化合物涂层对 T-300CF/聚酰亚胺复合材料热氧化性能的影响[J]. 雁北师范学院学报，2001，6：28-31.

[116] 闫联生，邹武. 高温处理对炭纤维及其复合材料性能的影响[J]. 宇航材料工艺，1998，1:18-21

[117] P STEFANIKV. Galvanic deposition of Co Mo layers and their influence on tensile strength of carbon fibers[J]. JOURNAL OF MATERIALS SCIENCE LETTERS, 2001, 20:1477-1478.

[118] Chen Yan, Iroh Jude O. Electrodeposition of BTDA-ODA-PDA polyamic acid coatings on carbon fibers nonaqueous emulsions [J]. Polym. Eng. Sci., 1999, 39 (4):699-707.

[119] 何嘉松，吴人洁，王学贵.炭纤维表面的电沉积处理[P].中国: 1001219，1986.

[120] 唐纳特 J B，班萨尔 R C. 炭纤维[M]. 北京：李仍元，过梅丽，译. 科学出版社，1989.

[121] 张复盛，吴瑜，庄严. 双丙酮丙烯酰胺在炭纤维表面的电聚合研究[J]. 北京航空航天大学学报，1998，24（4）:129-132.

[122] Iroh Jude O, Wood Greg A.Control of the surface structure of graphite fibers for improved composite interfacial properties[C]. Surf. Modif. Technol. XII, Proc. Int. Conf., 12th, 1998:405-413.

[123] Tokunaga K, Yoshida N, Noda N, et al. Behavior of plasma-sprayed tungsten coating on CFC and graphite under high heatload [J]. J. Nucl. Mater., 1999,266-269:1224-1229.

[124] 唐龙贵. 炭纤维的抗氧化处理[J]. 高等学校化学学报，1998，8:1301-1305

[125] 王俊山，李仲平，敖明，等. 掺杂难熔金属碳化物对炭/炭复合材料烧蚀微观结构的影响[J]. 新型炭材料，2005，2:97-102

[126] 赵东林，沈曾民. 炭纤维结构吸波材料及其吸波炭纤维的制备[J]. 高科技纤维与应用 2000，25（3）：8-14

[127] J Y Howe, L E Jones Influence of boron on structure and oxidation behavior of graphite fiber[J]. Carbon, 2004, 42(3):461-467

[128] Y L Zhang, Y M Zhang, J C Han, et al. Fabrication of toughened Cf/SiC whisker composites and their mechanical properties[J]. Materials Letters, 2008, 62(17-18):2810-2813

[129] Kenneth W Street Jr, Kazuhisa Miyoshi, Randy L. Vander Wal, Application of carbon based nano-materials to aeronautics and space lubrication[M]. Superlubricity, 2007

[130] Binshi Xu, Wei Zhang. Progress and application of nano-surface engineering in China[M]. Novel Materials Processing by Advanced Electromagnetic Energy Sources, 2005, 339-343

[131] R Szostak, C Ingram. Pillared layered structures (PLS): From microporous to nano-phase materials [M]. Studies in Surface Science and Catalysis, 1995, 94:13-38

[132] Alastair Stacey, Igor Aharonovich, Steven Prawer, James E Butler. Controlled synthesis of high quality micro/nano-diamonds by microwave plasma chemical vapor deposition [J]. Diamond and Related Materials, 2009, 18: 51-55.

[133] Wei Yang, Hongtao Wang. Mechanics modeling for deformation of nano-grained metals[J]. Journal of the Mechanics and Physics of Solids, 2004, 52: 875-889.

[134] E Rozenberg, S S Banerjee, I Felner, et al. Nano-particles of $La_{0.9}Ca_{0.1}MnO_3$ manganite: Size-induced change of magnetic ground state and interplay between surface and core contributions to its magnetism[J]. Journal of Non-Crystalline Solids, 2007, 353(8-10): 817-819.

[135] Yoshitake Masuda, Kazumi Kato. Optical properties and dye adsorption characteristics of acicular crystal assembled TiO_2 thin films [J]. Journal of Crystal Growth, 2009, 311(3):436-439.

[136] Xudong Wang, Jinhui Song, Zhong Lin Wang. Single-crystal nanocastles of ZnO [J]. Chemical Physics Letters, 2006, 424(1-3): 86-90

[137] Iijima S. Helical microtubules of graphite carbon[J]. Nature,1991,354:56-58.

[138] Iijima S, Ichihashi T. Single-shell carbon nanotubes of 1-nm diameter[J]. Nature, 1993, 363:603-605.

[139] Bethune D S, Kiang C H, M S de Vries, et al. Cobalt-catalysed growth of carbon nanotubes with single-atomic walls[J]. Nature, 1993, 363: 605-607.

[140] Dresselhaus M S, Dresselhaus, Saito R. Physics of carbon nanotubes [J]. Carbon, 1995, 33:883-891.

[141] H W Zhu, C L Xu, D H Wu, et al. Direct synthesis of long single-walled carbon nanotube strands [J]. Science, 2002, 296: 884-886.

[142] B C Satishkumar, A Govindaraj, Rahul Sen, et al. Single-walled nanotubes by the pyrolysis of acetylene-organometallic mixtures [J]. Chemical Physics Letters, 1998, 293: 47-52.

[143] Pavel Nikolaev, Michael J Bronikowski, R Kelley Bradley, et al. Gas-phase catalytic growth of single-walled carbon nanotubes from carbon monoxide [J]. Chemical Physics Letters, 1999, 313: 91-97.

[144] Jason H Hafner, Michael J Bronikowski, Bobak R Azamian. Catalytic growth of single-wall carbon nanotubes from metal particles [J]. Chemical Physics Letters, 1998, 296: 195-202.

[145] S Matsumotoa, L Pana, H Tokumotob, Y Nakayama. Selective growth of single-walled carbon nanotubes by chemical vapor deposition [J]. Physica B, 2002, 323: 275-276.

[146] Alex A Puretzkya, David B Geoheganb, Henrik Schittenhelmb, et al. Time-resolved diagnostics of single wall carbon nanotube synthesis by laser vaporization [J]. Applied Surface Science, 2002, 197-198: 552-562.

[147] N Braidy, M A El Khakani, G A Botton. Single-wall carbon nanotubes synthesis by means of UV laser vaporization [J]. Chemical Physics Letters, 2002, 354: 88-92.

[148] Xie S S Carbon nanotubes and other nanometer materials[J]. China Basic Science, 2000, 5:4-7

[149] Changxin Chen, Wenzhe Chen, Yafei Zhang. Synthesis of carbon nano-tubes by pulsed laser ablation at normal pressure in metal nano-sol [J]. Physica E: Low-dimensional Systems and Nanostructures, 2005, 28(2): 121-127.

[150] 郑国斌, 施益峰. 流动催化法连续制备碳纳米管及其形态和结构的研究[J]. 无机材料学报, 2001, 16（5）: 945-950

[151] 朱宏伟, 慈立杰. 浮游催化法半连续制取碳纳米管的研究[J]. 新型炭材料, 2000, 15(1): 48-51

[152] 李春忠. 螺旋纳米炭纤维的制备[P]. 中国专利, 专利号:200610148006.9

[153] XU Xianfeng, OU Yangtian,CHAI Lingzhi, ZENG Lingsheng,LI Gang,CHEN Yue.Catalytic CVD Growth of Carbon Nanotubes by Electric Heating Method[J].Journal of Wuhan University of Technology(Materials Science), 2017, 32(01): 136-139.

[154] XU Xianfeng, OU Yangtian, ZENG Lingsheng, CHAI Lingzhi. Study on the Pyrolytic Carbon Generated by the Electric Heating CVD Method[J]. Journal of Wuhan University of Technology(Materials Science),2018,33(02):409-413.

[155] 徐先锋，柴灵芝.一种电热法快速 CVD 制备 C/C 复合材料的沉积设备，中国实用新型专利，专利申请号：201420655891.X

[156] 徐先锋，柴灵芝.一种炭纤维表面快速定向生长炭纳米纤维的方法[P]，中国发明专利，专利申请号：201410616462.6

[157] Weiyan Wang,Qiangang Fu,Biyi Tan. Effect of in-situ grown SiC nanowires on the mechanical properties of HfC-ZrB2-SiC modified C/C composites[J]. Journal of Alloys and Compounds,2017,726.

[158] Seo Won-Seon. Effects of boron, carbon and iron content on the stacking fault formation during synthesis of β-SiC particles in the system SiO_2-C-H_2[J]. J. Am. Ceram. Soc., 1998, 81(5): 1255-1264.

[159] X F Duan, C M Lieber. General Synthesis of Compound Semiconductor Nanowires [J]. Adv. Mater. 2000, 12: 298-302

[160] Y Wu, P Yang, Germanium Nanowire Growth Via Simple Vapor Transport [J]. Chem. Mater. 2000, 12:605-607

[161] Y H Tang, N Wang, Y F Zhang. Synthesis and Characterization of Amorphous Carbon Nanowires [J]. Appl. Phys.Lett. 1999, 75:2921-2923

[162] Z G Bai, D P Yu, H Z Zhang. NanoScale GeO_2 Wires Synthesized by Physical Evaporation [J]. Chem. Phys.Lett. 1999, 303:311-314

[163] C C Chen, C C Yeh, C H Chen. Catalytic Growth and Characterization of Gallium Nitride Nanowires [J]. J .Am. Chem. Soc. 2001,123:2791-2798

[164] Y W Wang, G W Meng, L D Zhang, Catalytic Growth of Large-Scale Single Crystal CdS Nanowires by Physical Evaporation and Their Photoluminescence[J]. Chem. Mater. 2002,14:1773-1777.

[165] Z W Pan, Z R Dai, Z L Wang, Nanobelts of Semiconducting Oxides [J]. Science. 2001, 291:1947-1949

[166] 陈卫武，邹宗树，王天明. CVD 法合成 SiC 晶须的实验研究[J]. 金属学报，1997，33（6）：643-649.

[167] 陈建军，潘颐，林晶. 硅气氛中 PAN 炭纤维原位生长碳化硅纳米纤维[J]. 高科技纤维与应用，2006，31（3）：11-14.

[168] D Zhou, S Seraphin. Production of silicon carbide whiskers from carbon nanoclusters[J]. Chem. Phys.Lett., 1994, 222: 223-238.

[169] H J Dai, E W Wong, Y Z Lu, et al. Synthesis and characterization of carbide nanorods[J]. Nature, 1995, 375: 769-772.

[170] W Q Han, S S Fan, Q Q Li, et al. Continuous synthesis and characterization of silicon

carbide nanorods[J]. Chem. Phys. Lett., 1997, 65: 374-378.

[171] A I Kharlamov, N V Kirillova, S N Kaverina. Hollow silicon carbide nanostructures [J]. Theor. Exp. Chem., 2002, 38: 237-241.

[172] X H Sun, C P Li, W K along, et al. Formation of silicon carbide nanotubes and nanowires via reaction of silicon (from disproportionation of silicon monoxide) with carbon nanotubes [J]. J. Am. Chem. Soc., 2002, 124: 14464-14471.

[173] Z L Wang, Z R Dai, R P Gao, et al. Side-by-side silicon carbide-silica biaxial nanowires: synthesis, structure, and mechanical properties [J]. Appl. Phys. Lett., 2000, 77(21): 3349-3351.

[174] Y Ryu, Y Tak, K Yong. Direct growth of core-shell SiC-SiO$_2$ nanowires and field emission characteristics[J]. Nanotechnology, 2005, 16: 5370-5374.

[175] G W Meng, Z Cui, L D Zhang, et al. Growth and characterization of nanostructured β-SiC via carbothermal reduction of SiO$_2$ xerogels containing carbon nanoparticles[J]. J. Cryst. Growth, 2000, 209: 801-806.

[176] 孟广耀. 化学气相沉积与无机新材料[M]. 北京：科学出版社，1984.

[177] H F Zhang, C M Wang, L S Wang. Helical crystalline SiC/SiO$_2$ core shell nanowires[J]. Nano Lett., 2002, 2(9): 941-944.

[178] D. Zhang, A Alkhateeb, H Han, et al. Silicon carbide nanosprings, Nano Lett., 2003, 3(7): 983-987.

[179] J J Niu, J N Wang. An approach to the synthesis of silicon carbide nanowires by simple thermal evaporation of ferrocene onto silicon wafers[J]. Eur. J. Inorg. Chem., 2007, (25): 4006-4010.

[180] Wallenberger F T Ceram. International [J]. 1997, 23(2): 119-126

[181] W Yang, H Araki, S Thaveethavorn, H Suzuki, T Nada. In situ synthesis and charaeterization of Pure SiC nanowires on silicon wafer [J]. Appl. Surf. Sei. 2005, 241:236-240

[182] W Yang, H Araki, Q L Hu, et al. In situ growth of SiC nanowires on RS-SiC substrates[J]. Journal of Crystal Growth. 2004, 264: 278-283.

[183] 谢征芳, 陶德良. SiC 纤维的化学气相生长与表征[J]. 高等学校化学学报，2006，27(9): 1604-1607

[184] 徐先锋，肖鹏，熊翔，黄伯云. 一种碳化硅纳米纤维/炭纤维复合毡体的制备方法，中国专利[P]. 发明，专利申请号：200810030854.9.

[185] 徐先锋，肖鹏，许林，熊翔，黄伯云.碳化硅纳米纤维/炭纤维共增强毡体的制备[J].功能材料，2008（04）: 692-694.

[186] 徐先锋，肖鹏，熊翔，胡艳艳.碳化硅纳米纤维改性 C/C 复合材料的力学性能[J].功能材

料，2012，43（10）:1235-1238，1243.

[187] Qian-ming Gong, Zhi Li, Xiao-dong Bai, et al. The effect of carbon nanotubes on the microstructure and morphology of pyrolytic carbon matrices of C/C composites obtained by CVI [J].Composites Science and Technology, 2005, 65: 1112-1119.

[188] Qian-Ming Gong, Zhi Zhengyi Zhang, et al. Tribological properties of carbon nanotube-doped carbon/carbon composites[J]. Tribology International, 2006, 39(9): 937- 944.

[189] Qian-ming Gong, Zhi Li, Xiang-wen Zhou, et al. Synthesis and characterization of in situ grown carbon nanofiber/nanotube carbon/carbon reinforced. Composites[J]. Letter to the Editor /Carbon, 2005, 43: 2426-2429.

[190] Danuta Mikociak,Arkadiusz Rudawski,Stanislaw Blazewicz. Mechanical and thermal properties of C/C composites modified with SiC nanofiller[J]. Materials Science & Engineering A, 2018,716.

[191] SIVAKUMAR R, GUO Shu-qi, NISHIMURA T, et al. Thermal conductivity in multi-wall carbon nanotube/silica-based nanocomposites[J]. Scripta Materialia, 2007, 56(4): 265-268

[192] GONG Qian-ming, LI Zhi, LI Dan, et al. Fabrication and structure: a study of aligned carbon nanotube/carbon nanocomposites[J]. Solid State Communications, 2004, 131(6): 399-404

[193] GONG Qian-ming, LI Zhi, LI Dan, et al. The effect of carbon nanotubes on the microstructure and morphology of pyrolytic carbon matrices of C-C composites obtained by CVI[J]. Composites Science and Technology, 2005, 65(7/8):1112-1119

[194] GONG Qian-ming, LI Zhi, ZHOU Xiang-wen, et al. Synthesis and characterization of in situ grown carbon nanofiber/nanotube reinforced carbon/carbon composites[J]. Carbon, 2005, 43(11):2397-2429.

[195] ALLOUCHE H, MONTHIOUX M. Chemical vapor deposition of pyrolytic carbon on carbon nanotubes Part II.Texture and structure[J]. Carbon, 2005, 43(6):1265-1278.

[196] THOSTENSON E T, LI W Z, WANG D Z, et al. Carbon nanotube/carbon fiber hybrid multiscale composites[J]. Journal of Applied Physics, 2002, 91(9):6034-6037.

[197] Yanhui Chu,Hejun Li,Lu Li,Lehua Qi. Oxidation protection of C/C composites by ultra long SiC nanowire-reinforced SiC Si coating[J]. Corrosion Science,2014,84.

[198] Jun-Yi Jing,Qian-Gang Fu,Rui-Mei Yuan. Nanowire-toughened CVD-SiC coating for C/C composites with surface pre-oxidation[J]. Surface Engineering,2018,34(1).

[199] Shiqi Wen, Kezhi Li, Qiang Song, Yucai Shan, Yunyu Li, Hejun Li, Haili Ma. Enhancement of the oxidation resistance of C/C composites by depositing SiC nanowires onto carbon fibers by electrophoretic deposition[J]. Journal of Alloys and Compounds, 2015, 618.

[200] 何为，唐先忠，迟兰州. 炭纤维表面化学镀镍工艺研究[J]. 电镀与涂饰，2003，22（1）：8-11.

[201] 工程陶瓷高温弯曲强度试验方法，中华人民共和国国家标准 GB/T 14390-1993

[202] Soo-Jin Park, Yu-Sin Jang, Kyong-Yop Rhee. Interlaminar and Ductile Characteristics of Carbon Fibers-Reinforced Plastics Produced by Nanoscaled Electroless Nickel Plating on Carbon Fiber Surfaces [J]. Journal of Colloid and Interface Science, 2002, 245(2):383-390

[203] Kamal K Kar, D Sathiyamoorthy. Influence of process parameters for coating of nickel phosphorous on carbon fibers [J]. Journal of Materials Processing Technology, 2009, 209(6): 3022-3029

[204] Li Gang, Xu Xianfeng. Fabrication and Growth Mechanism of Dense-Aligned Carbon Nanotubes Advanced Science Letters, 2012,15(1): 109-112.

[205] 徐先锋，洪龙龙，肖鹏，李辉，卢彩涛.炭纤维表面原位生长 CNT/CNF 及其生长机理[J]. 粉末冶金材料科学与工程，2013，18（05）:768-774.

[206] G Chollon. Structural and textural analyses of SiC-based and carbon CVD coatings by Raman Microspectroscopy [J]. Thin Solid Films, 2007, 516(2-4): 388-396

[207] M Bechelany, A Brioude, D Cornu, G Ferro, P Miele. A Raman Spectroscopy Study of Individual SiC Nanowires [J]. Adv. Funct. Mater., (2007), 17:939-943

[208] XU Xian-Feng, XIAO Peng, XIONG Xiang, HUANG Bo-Yun. Effects of Ni catalyzer on growth velocity and morphology of SiC nano-fibers[J].Transactions of Nonferrous Metals Society of China,2009,19(05):1146-1150.

[209] Powder Diffraction Data, JCPDS Card 29-1129.

[210] 于澎. 航空刹车用炭/炭复合材料 CVD 过程参数及性能的研究[D].长沙:中南大学,2003.

[211] 王占峰. 炭纤维表面 CVD 法原位生长纳米炭纤维/纳米管及其在 C/C 复合材料中的应用 [D]. 长沙：中南大学，2007.

[212] FerrariA C, Robertson J. Raman signature of bonding and disorder in carbons [J]. Materials Research Society Symposium-Proceedings, 2000, 593: 299-304.

[213] Gong Q M, Li Z, Zhou X W, et al. Synthesis and characterization of in situ grown carbon nanofiber/nanotube reinforced carbon/carbon composites[J]. Carbon, 2005, 43(11): 2426-2429.

[214] Li Z, Gong QM, Wang Y, et al. Microstructure of the pyrocarbon in aligned carbon nanotube/carbon composites. Carbon, 2011, 49(3): 1052-1053.

[215] Ziegler I, Fournet R, Marquaire P M. Influence of surface on chemical kinetic of pyrocarbon deposition obtained by propane pyrolysis[J]. Journal of Analytical and Applied Pyrolysis, 2005, 73(1): 107-115.

[216] 张伟刚. 化学气相沉积-从烃气体到固体碳[M]. 北京：科学出版社，2007.

[217] 汤中华. 用定向流动热梯度 CVI 工艺制备航空刹车用 C/C 复合材料的研究[D]. 长沙：中南大学，2003.

[218] 杨敏. 采用纳米压痕测试技术对碳/碳复合材料微观性能的研究[D]. 上海：上海大学，2008.

[219] 于守泉，张伟刚. 织构对热解炭硬度及弹性模量的影响，第九届全国新型炭材料学术研讨会. 2009：630-635.

[220] 熊翔. 炭/炭复合材料制动性能研究[D]. 长沙：中南大学，2004.

[221] 贾德昌，宋桂明. 无机非金属材料性能[M]. 北京：科学出版社，2008.

[222] 矫桂琼，贾普荣. 复合材料力学[M]. 西安：西北工业大学，2008.

[223] Kulkarni M R and Brady R P. A model of global thermal conductivity in laminated carbon/carbon composites[J]. Composites Science and Technology, 1997, 57(3): 277-285.

[224] Luo R Y, Liu T, Li J S, et al. Thermophysical properties of carbon/carbon composites and physical mechanism of thermal expansion and thermal conductivity[J]. Carbon, 2004, 42(14): 2887-2895.

[225] 范敏霞，李贺军，李克智. 热解炭结构对 C/C 复合材料热物理性能的影响. 炭素技术，2007，26（5）：10-13.

[226] Guo W, Xiao H, Yasuda E, et al. Oxidation kinetics and mechanisms of a 2D-C/C composite[J]. Carbon, 2006, 44(15): 3269-3276.

[227] Hou X M, Chou K C. A simple model for the oxidation of carbon-containing composites[J]. Corrosion Science, 2010, 52(3): 1093-1097.

[228] Gao P Z, Guo W M, Xiao H N, et al. Model-free kinetics applied to the oxidation properties and mechanism of three-dimension carbon/carbon composite[J]. Materials Science and Engineering: A, 2006, 432(1-2): 226-230.

[229] Cairo C A A, Florian M, Graça M L A, et al. Kinetic study by TGA of the effect of oxidation inhibitors for carbon carbon composite[J]. Materials Science and Engineering: A, 2003, 358(1-2): 298-303.

[230] Labruquere S, Blanchard H, Pailler R, et al. Enhancement of the oxidation resisitance of interfacial area in C/C composites. Part Ⅱ: oxidation resistance of B-C, Si-B-C AND Si-C coated carbon preforms densified with carbon[J]. J Eur Ceram Soc, 2002, 22: 1011-1021.

[231] Tong C Q, Cheng L F, Yin X W, et al. Oxidation behavior of 2D C/SiC composite modified by SiB4 particles in inter-bundle pores[J]. Composites Science and Technology, 2008, 68(3-4): 602-607.

[232] Stoch A, Jastrzebski W, D ugoń E, et al. Modification of carbon composites by nanoceramic

compounds[J]. Journal of Molecular Structure, 2005, 744-747: 627-632.

[233] 阎志巧，熊翔，肖鹏，等. MSI 工艺制备 C/SiC 复合材料的氧化动力学和机理. 无机材料学报，2007，22（6）: 1151-1158.

[234] Wan J T, Bu Z Y, Xu C J, et al. Model-fitting and model-free nonisothermal curing kinetics of epoxy resin with a low-volatile five-armed starlike aliphatic polyamine[J]. Thermochimica Acta, 2011, 525(1   2): 31-39.

[235] 郭伟明，肖汉宁，田荣一安. 2D-C/C 复合材料氧化动力学模型及其氧化机理[J]. 复合材料学报，2007，24（1）: 45-52.

[236] 温诗铸，黄平. 摩擦学原理[M]. 北京：清华大学出版社，2008.

[237] 刘佐民. 摩擦学理论与设计[M]. 武汉：武汉理工大学出版社，2009.